Green Papers of Chongming World-Class Eco-Island 2022

崇明世界级生态岛绿皮书 2022

◎ 孙斌栋 主编

科学出版社

北京

审图号：GS 京（2023）1408 号

内 容 简 介

　　上海崇明世界级生态岛建设为构建全国生态岛屿联盟这一互鉴平台提供了契机。本书分三篇，第一篇从三生空间协调的角度，构建世界级生态岛三生空间指标体系，对我国东部沿海的 12 个岛屿行政单元进行科学评估和比较，提出崇明世界级生态岛空间协调发展路径。第二篇从塑料废弃物综合利用、畜禽粪便资源化利用、餐厨废弃油脂资源化利用、农业废弃物资源化利用、"双碳"产业经济循环等角度，对崇明践行循环经济策略进行分析，挖掘生态产品价值。第三篇提出生态岛屿联盟建设倡议，介绍我国主要沿江沿海岛屿发展概况和生态岛屿联盟建设的阶段性实践，给出崇明世界级生态岛建设经验贡献。

　　本书可供地理学、生态学、资源与环境领域的科研工作者和关注岛屿发展的政策决策人员参考。

图书在版编目（CIP）数据

崇明世界级生态岛绿皮书 . 2022 / 孙斌栋主编 . -- 北京：科学出版社，2023.8

ISBN 978-7-03-075215-4

Ⅰ.①崇⋯　Ⅱ.①孙⋯　Ⅲ.①崇明岛—生态环境建设—研究报告— 2022　Ⅳ.① X321.251.4

中国国家版本馆 CIP 数据核字（2023）第 048390 号

责任编辑：杨婵娟 / 责任校对：何艳萍
责任印制：徐晓晨 / 封面设计：有道文化

科学出版社 出版
北京东黄城根北街 16 号
邮政编码：100717
www.sciencep.com

北京建宏印刷有限公司 印刷
科学出版社发行　各地新华书店经销

*

2023 年 8 月第 一 版　开本：720×1000　B5
2023 年 8 月第一次印刷　印张：13 3/4
字数：262 000
定价：118.00 元
（如有印装质量问题，我社负责调换）

《崇明世界级生态岛绿皮书2022》编委会

主编 孙斌栋

成员（以姓氏笔画为序）

由文辉 孙斌栋 张维阳 赵 晨 赵常青
盛 蓉 崔 璨

前　言

党的二十大报告指出，"中国式现代化是人与自然和谐共生的现代化"，进一步明确了"尊重自然、顺应自然、保护自然，是全面建设社会主义现代化国家的内在要求"。推动绿色发展、促进人与自然和谐共生，就是要牢固树立和践行"绿水青山就是金山银山"的理念，站在人与自然和谐共生的高度谋划发展；就是要统筹发展方式绿色转型、环境污染防治、生态系统保护和气候变化应对。岛屿作为具有独特生态价值并可承载生产、生活功能的地域单元，应成为推动人与自然和谐共生发展的重要载体。

作为我国第三大岛、长三角的"后花园"以及上海市重要的生态战略空间，崇明岛不仅承担起引领上海绿色发展、支撑上海生态之城建设的重要使命，还肩负着示范全国生态文明建设和践行"绿水青山就是金山银山"发展理念的重要责任，也是60万崇明百姓安居乐业和美好发展愿景所系。自2001年《上海市城市总体规划（1999年—2020年）》明确提出将崇明岛建设为生态岛的发展目标开始，崇明岛先后走过了上海战略框架阶段（2001~2005年）、长三角战略框架阶段（2006~2015年）和国家战略框架阶段（2016年至今），探索出了"生态、生产、生活"空间协调共生机制，在实现自身高质量发展的同时，还有力服务了国家的生态文明建设。经过20多年的探索建设，崇明区政府和学术界对生态岛建设的科学内涵的认识不断深化，对"发展与保护"关系的把握更加清晰，对绘制世界级生态岛美好蓝图的信心更加坚定。

作为服务地方发展和校地合作的重要实践，华东师范大学一直致力于崇明世界级生态岛建设的相关科学研究和决策咨询工作，牵头组建了崇明生态研究院，协同复旦大学、上海交通大学和崇明区政府共同为崇明世界级生态岛建设提供科技支撑。在上海高校Ⅳ类高峰学科项目资助下，崇明生态研究院自2020年始编撰出版"崇明世界级生态岛绿皮书"系列，旨在对崇明生态岛建设进行阶段性系统诊断，并对未来崇明生态岛建设提供科学建议。在《崇明世界级生态岛绿皮书2020》对崇明生态岛进行生产、生活、生态等多维度系统评估的基础上，本书重点聚焦崇明世界级生态岛建设的国家贡献，通过建立世界级生态岛评价指数，分析崇明循环经济发展策略和提出生态岛屿联盟建设倡议，总结崇明路径、崇明标杆和崇明贡献。

  本书主要由三个篇章构成。第一篇从"生态、生产、生活"空间协调的角度，以上海崇明世界级生态岛建设为契机，构建了世界级生态岛指数，对我国东部沿海的12个岛屿行政单元进行科学评估，总结各岛屿建设经验和不足，并提出崇明未来"三生"空间协调的发展路径。第二篇着重破解在生态岛建设过程中如何实现生态产品价值这一难题，从塑料废弃物综合利用、畜禽粪便资源化利用、餐厨废弃油脂资源化利用、农业废弃物资源化利用、"双碳"产业经济循环等角度回答了崇明如何进一步践行循环经济策略，挖掘生态产品价值，并对其他岛屿提供示范。第三篇实践性地提出生态岛屿联盟建设倡议，并介绍了我国主要沿江沿海岛屿发展案例和生态岛屿联盟建设的阶段性实践，梳理了崇明世界级生态岛建设经验贡献，尝试为发挥崇明世界级生态岛的示范带动作用建设平台。

  笔者作为主编，承担了大纲设计、内容编排和全书统稿的任务，参与了世界级生态岛指数和生态岛屿联盟的研究工作；各章内容由相关作者负责。本书在写作过程中，得到了崇明区委区政府的大力支持，得到了华东师范大学校领导和崇明生态研究院由文辉院长和赵常青副院长的关心和指导，特别感谢崇明区发展和改革委员会丁振新副主任在调研过程中给予的帮助。本书中的研究工作还得到了华东师范大学中国行政区划研究中心、未来城市实验室（2022ECNU-XWK-XK001）和国家社会科学基金重大项目（17ZDA068）的资助和支持。

孙斌栋
2023年5月

目　　录

前言

第一篇　世界级生态岛三生空间指数与崇明发展路径

第一章　世界级生态岛三生空间指数构建的背景 ················ 2
　　1.1　政策背景 ·· 3
　　1.2　理论基础 ·· 8
　　本章参考文献 ·· 16

第二章　世界级生态岛三生空间指数与指标体系 ················ 18
　　2.1　世界级生态岛三生空间指数概念 ···················· 18
　　2.2　世界级生态岛三生空间指标体系构建 ················ 19
　　2.3　世界级生态岛三生空间指标测度方法 ················ 25
　　2.4　岛屿选取 ·· 27
　　2.5　数据来源 ·· 29
　　本章参考文献 ·· 30

第三章　世界级生态岛三生空间指数结果 ···················· 32
　　3.1　各岛屿三生空间指数结果 ···························· 32
　　3.2　各岛屿与其所在地级市比值 ·························· 47
　　3.3　崇明岛三生空间指标结果与解析 ···················· 62

第四章　崇明世界级生态岛发展路径 ························ 68
　　4.1　促进三生空间协调发展 ······························ 68
　　4.2　促进生产空间绿色高效发展 ·························· 69
　　4.3　促进生活空间宜居健康发展 ·························· 71

4.4　促进生态空间全面稳定发展 ·· 72

第二篇　循环经济策略与崇明标杆

第五章　循环经济对崇明建设世界级生态岛的意义 ······················ 76

5.1　崇明生态岛和循环经济 ·· 76
5.2　崇明岛的循环产业布局建议 ·· 77

第六章　崇明塑料废弃物的综合利用 ··································· 82

6.1　崇明塑料废弃物现状 ·· 82
6.2　塑料废弃物处理技术 ·· 84
6.3　崇明创建"无废"城市展望 ·· 89
本章参考文献 ·· 91

第七章　崇明畜禽粪便资源化利用 ····································· 92

7.1　崇明区畜禽养殖情况及粪尿污染现状 ································ 92
7.2　畜禽粪尿产生的危害 ·· 96
7.3　畜禽粪便资源化利用方式 ·· 97
7.4　崇明畜禽粪便资源化利用的现状及案例 ······························ 98
7.5　优化崇明"生态岛"畜禽粪便资源化的相关建议 ····················· 102
本章参考文献 ··· 103

第八章　崇明餐厨废弃油脂的资源化利用 ······························ 104

8.1　崇明岛餐厨废弃油脂概况 ··· 104
8.2　崇明岛油脂资源的综合利用方式 ··································· 105
8.3　崇明"生态岛"餐厨废油资源化利用的相关建议 ····················· 110
本章参考文献 ··· 111

第九章　崇明农业废弃物的资源化利用 ································ 113

9.1　农业废弃物利用的重要性 ··· 113
9.2　崇明农作物秸秆综合利用现状 ····································· 114
9.3　崇明农作物秸秆全综合利用的技术建议 ····························· 120
9.4　崇明岛秸秆综合利用一体化的展望 ································· 122
本章参考文献 ··· 123

目录

第十章 崇明"双碳"产业经济循环 ... 124
- 10.1 碳达峰、碳中和 ... 124
- 10.2 崇明岛能耗、碳排放和平均气温变化趋势 ... 125
- 10.3 绿色低碳崇明生态岛的技术创新 ... 127
- 10.4 崇明生态岛建立碳中和示范区的相关建议 ... 134
- 本章参考文献 ... 135

第三篇 生态岛屿联盟与崇明贡献

第十一章 生态岛屿联盟建设背景、目标、任务与思路 ... 138
- 11.1 建设背景 ... 138
- 11.2 建设目标 ... 140
- 11.3 关键任务 ... 141
- 11.4 建设思路 ... 143
- 本章参考文献 ... 145

第十二章 生态岛屿联盟建设基础——岛屿概况与案例 ... 146
- 12.1 我国沿江沿海岛屿概况 ... 146
- 12.2 岛屿保护与发展经验案例——大连市长海县 ... 152
- 12.3 岛屿保护与发展经验案例——温州市洞头岛 ... 157
- 12.4 岛屿保护与发展经验案例——福建省平潭岛 ... 162
- 12.5 岛屿保护与发展经验案例——苏州太湖生态岛 ... 166
- 12.6 岛屿保护与发展经验案例——句容生态陈庄 ... 170
- 本章参考文献 ... 172

第十三章 生态岛屿联盟建设的阶段性实践 ... 174
- 13.1 温州洞头岛调研 ... 174
- 13.2 大连长海县调研 ... 175
- 13.3 苏州太湖生态岛、句容生态陈庄调研 ... 176
- 13.4 海南岛调研 ... 177
- 13.5 平潭岛调研 ... 178
- 本章参考文献 ... 179

第十四章　崇明世界级生态岛建设经验贡献⋯⋯⋯⋯⋯⋯⋯⋯⋯⋯⋯⋯　180
　　14.1　生态环境保护模式⋯⋯⋯⋯⋯⋯⋯⋯⋯⋯⋯⋯⋯⋯⋯⋯⋯　181
　　14.2　产业融合发展模式⋯⋯⋯⋯⋯⋯⋯⋯⋯⋯⋯⋯⋯⋯⋯⋯⋯　182
　　14.3　绿色农业发展模式⋯⋯⋯⋯⋯⋯⋯⋯⋯⋯⋯⋯⋯⋯⋯⋯⋯　183
　　14.4　高端绿色制造模式⋯⋯⋯⋯⋯⋯⋯⋯⋯⋯⋯⋯⋯⋯⋯⋯⋯　185
　　14.5　生态农村建设模式⋯⋯⋯⋯⋯⋯⋯⋯⋯⋯⋯⋯⋯⋯⋯⋯⋯　187
　　14.6　可持续交通模式⋯⋯⋯⋯⋯⋯⋯⋯⋯⋯⋯⋯⋯⋯⋯⋯⋯⋯　188
　　14.7　多旅融合发展模式⋯⋯⋯⋯⋯⋯⋯⋯⋯⋯⋯⋯⋯⋯⋯⋯⋯　189
　　14.8　智慧城市管理模式⋯⋯⋯⋯⋯⋯⋯⋯⋯⋯⋯⋯⋯⋯⋯⋯⋯　191
　　14.9　互联网赋能发展模式⋯⋯⋯⋯⋯⋯⋯⋯⋯⋯⋯⋯⋯⋯⋯⋯　192
　　14.10　城乡协调发展模式⋯⋯⋯⋯⋯⋯⋯⋯⋯⋯⋯⋯⋯⋯⋯⋯　194
　　本章参考文献⋯⋯⋯⋯⋯⋯⋯⋯⋯⋯⋯⋯⋯⋯⋯⋯⋯⋯⋯⋯⋯⋯　195

附录　崇明生态研究院全国岛屿的科研实践台账⋯⋯⋯⋯⋯⋯⋯⋯⋯　197

第一篇

世界级生态岛三生空间指数与崇明发展路径

第一章

世界级生态岛三生空间指数构建的背景

崔璨[1,2]，张叶玲[1,2]

（1.崇明生态研究院；2.华东师范大学城市与区域科学学院）

为深入贯彻习近平生态文明思想，牢固树立"绿水青山就是金山银山"的理念（简称"两山"理念），上海市人民政府发布《崇明世界级生态岛发展规划纲要（2021—2035年）》。该纲要指出，到2035年要将崇明世界级生态岛打造成绿色生态"桥头堡"、绿色生产"先行区"、绿色生活"示范地"，成为引领全国、影响全球的国家生态文明名片、长江绿色发展标杆、人民幸福生活典范。上海崇明岛[①]作为我国第三大岛，有义务亦有责任成为全国生态岛建设的领头者。另外，尽管近年来以习近平同志为核心的党中央强调生态文明建设的重要性，但同时也不能忽视生产和生活空间质量的提升。拥有良好的生态环境而经济落后、民生凋敝，并不符合可持续发展思想的要求。生态文明建设正是在党和国家持续推进可持续发展过程中不断深化，深刻指导着我国区域生产、生活和生态空间（三生空间）的协调发展。

当下，我国岛屿建设普遍面临着三生空间建设的冲突和挑战。一方面，以生态立足的岛屿的生态环境资源未被充分保护和利用，以至于不发达的经济水平和不完善的生活空间无法满足人民日益增长的对富裕、幸福生活的向往；另一方面，以经济生产立足的岛屿由于建设用地的逐渐扩张，生态环境被破坏，居民不能拥有美好的自然生态环境，与此同时，在促进经济发展的建设环境下，

---

① 本书内提到的崇明岛，如无特别说明，包含崇明、横沙、长兴三个岛。

生活空间的改善力度不足，居民生活品质、获得感、幸福感等方面仍有待提高。因此，为了促进我国岛屿的三生空间建设，本章从三生空间协调发展的角度出发，以上海崇明世界级生态岛建设为契机，选取我国东部沿海 12 个岛屿行政单元（由北到南分别为大连长海县、烟台长岛县、上海崇明区、舟山嵊泗县、舟山岱山县、舟山定海区、舟山普陀区、台州玉环市、温州洞头区、福州平潭县、漳州东山县、汕头南澳县）构建世界级生态岛三生空间指数并进行指数评估，基于指数结果挖掘各岛屿在生产、生活和生态三方面的长处和不足，促进各岛屿间相互学习、相互借鉴，以实现三生空间的协调发展，共同推进我国岛屿联盟建设。

1.1 政策背景

1.1.1 我国始终坚持走可持续发展道路

1972 年，斯德哥尔摩第一次联合国人类环境会议通过《人类环境宣言》。宣言要求，人类及时采取大规模行动保护环境，践行"既满足当代人的需要，又不对后代人满足其需要的能力构成危害"的发展理念。1992 年，里约热内卢召开的联合国环境与发展大会上首次提出可持续发展及行动纲领。自此，中国逐渐开始推行可持续发展战略，成为第一个制定国家可持续发展战略的国家。1994 年，国务院发布《中国 21 世纪议程——中国 21 世纪人口、环境与发展白皮书》，从我国实际出发制定了可持续发展战略，主要包括可持续发展总体战略，经济、社会与人口可持续发展，资源和环境保护与可持续利用。1995 年，党的十四届五中全会提出必须把实施可持续发展战略作为一项重大战略。隔年，《中华人民共和国国民经济和社会发展"九五"计划和 2010 年远景目标纲要》中把可持续发展列为国家战略。2000 年发布的《全国生态环境保护纲要》更是将全面推进可持续发展战略置于重要地位。2002 年，党的十六大把"可持续发展能力不断增强，生态环境得到改善，资源利用效率显著提高，促进人与自然和谐，推动整个社会走向生产发展、生活富裕、生态良好的文明发展道路"作为全面建设小康社会的目标之一。2012 年，党的十八大报告提出要努力建设美丽中国，实现中华民族永续发展。2017 年，党的十九大提出要大力推进可持续发展战略。2022 年，上海市政府印发《上海市能源发展"十四五"规划》，以保障全市经济社会全面协调可持续发展，进一步促进能源与经济、社会、环境的协调发展。

1.1.2　我国积极推进生态文明建设

生态文明建设对加快我国从高速增长转向高质量发展的进程具有非比寻常的价值，而面对资源环境约束趋紧、环境污染严重、生态系统退化的严峻国情背景，党的十八大以来，以习近平同志为核心的党中央高度重视生态环境保护，将生态文明建设放到了治国理政的突出位置，坚定不移走绿色、低碳、可持续发展之路。党的十八大首次把"美丽中国"作为生态文明建设的宏伟目标，把生态文明建设摆在了中国特色社会主义"五位一体"总体布局的战略位置。2013 年 5 月，习近平总书记在主持中共中央政治局第六次集体学习时就大力推进生态文明建设进行了鲜明的阐述："建设生态文明，关系人民福祉，关乎民族未来。"[1]2018 年 5 月，习近平总书记在全国生态环境保护大会发表重要讲话并指出："要通过加快构建生态文明体系，确保到 2035 年，生态环境质量实现根本好转，美丽中国目标基本实现。到本世纪中叶，物质文明、政治文明、精神文明、社会文明、生态文明全面提升，绿色发展方式和生活方式全面形成，人与自然和谐共生，生态环境领域国家治理体系和治理能力现代化全面实现，建成美丽中国。"[2] 这深刻描绘了我国生态文明建设的时间表：到 2035 年基本建成美丽中国，到本世纪中叶全面建成美丽中国。党和国家的重要方针战略充分展示了我国推进生态文明建设的坚定决心和务实行动，我国岛屿生态文明建设面临着千载难逢的发展机遇和历史使命。2021 年 10 月，习近平总书记在《生物多样性公约》缔约方大会第十五次会议（CBD COP15）上宣布："中国将持续推进生态文明建设，坚定不移贯彻创新、协调、绿色、开放、共享的新发展理念，建设美丽中国。"[3] 这向世界展现了中国决心，也为共同构建地球生命共同体注入了强大正能量。

1. "两山"理念推动生态价值理念转换

生态文明建设领域曾经有"可持续发展""循环经济""低碳经济"等核心概

---

[1]　人民日报署名文章：让绿水青山造福人民泽被子孙——习近平总书记关于生态文明建设重要论述综述，http://www.xinhuanet.com/politics/leaders/2021-06/03/c_1127523733.htm。

[2]　习近平出席全国生态环境保护大会并发表重要讲话，http://www.gov.cn/xinwen/2018-05/19/content_5292116.htm。

[3]　习近平在《生物多样性公约》第十五次缔约方大会领导人峰会上的主旨讲话（全文），http://www.gov.cn/xinwen/2021-10/12/content_5642048.htm。

念,随着"两山"理念的诞生,"绿色发展""生态产品""自然资源资产"等源自中国的理念逐渐被全球所接受。"两山"理念得到了国际社会的高度认可,以"两山"理念为指导的生态文明建设也被国际社会广泛借鉴。例如,2013年2月,联合国环境规划署第27次理事会通过决定草案,推广中国生态文明理念;2016年,第二届联合国环境大会发布的《绿水青山就是金山银山:中国生态文明战略与行动》报告指出,以"绿水青山就是金山银山"为导向的中国生态文明战略,为世界可持续发展理念的提升提供了"中国方案"和"中国版本"。[1]

"两山"理念是2005年8月习近平同志在浙江省安吉县考察时首次提出的,他明确提出了"绿水青山就是金山银山"的科学论断。2013年9月,习近平主席出访哈萨克斯坦,在纳扎尔巴耶夫大学回答学生问题时指出:"我们既要绿水青山,也要金山银山。宁要绿水青山,不要金山银山,而且绿水青山就是金山银山。"[1] 党的十九大更是把"必须树立和践行绿水青山就是金山银山的理念"写入大会报告,把"增强绿水青山就是金山银山的意识"写入《中国共产党章程》,使其成为我国生态文明建设的行动指南。"两山"理念的本质是协调经济社会发展与生态环境保护的辩证统一,最终兼顾"绿水青山"和"金山银山"。各地积极吸收和理解"两山"理念并在实践中践行。例如,在上海,为贯彻落实"两山"理念,地方法院充分发挥环境资源司法职能作用,同各界专家开展了第四届崇明世界级生态岛环境司法研讨会。

2."碳达峰""碳中和"助力绿色低碳发展

面对全球变暖的世界挑战,2020年9月,习近平主席在第七十五届联合国大会一般性辩论上郑重宣布:"中国将提高国家自主贡献力度,采取更加有力的政策和措施,二氧化碳排放力争于2030年前达到峰值,努力争取2060年前实现碳中和。"[2]2021年3月,"碳达峰""碳中和"首次被写入政府工作报告。2021年10月,《关于完整准确全面贯彻新发展理念做好碳达峰碳中和工作的意见》以及《2030年前碳达峰行动方案》这两个重要文件相继出台,共同构建了中国碳达峰、碳中和"1+N"政策体系的顶层设计。同月,上海市人民政府办公厅印发关于《上海加快打造国际绿色金融枢纽服务碳达峰碳中和目标的实施意见》的通知。2021年8月印发的《上海市生态环境保护"十四五"规划》则将碳达峰设定为重要目标,

---

① 习近平在哈萨克斯坦纳扎尔巴耶夫大学发表重要演讲,http://jhsjk.people.cn/article/22843681。
② 习近平在第七十五届联合国大会一般性辩论上的讲话(全文),http://www.gov.cn/xinwen/2020-09/22/content_5546169.htm。

明确到2025年，上海将确保碳排放总量达峰。2021年3月18日，上海市生态环境局与崇明区人民政府签署共建世界级生态岛碳中和示范区合作框架协议，推进崇明区碳中和示范区建设。崇明区也表示将结合崇明三岛实际，分类开展碳达峰、碳中和，努力打造成为具有世界影响力的生态优先、绿色发展的碳中和示范区，为上海加快实现碳达峰碳中和做出更大贡献。

3. 为长江经济带绿色发展奠定生态文明建设基础

长江是中华民族的母亲河，2016年以来，习近平总书记先后在长江上游、中游和下游主持召开三次长江经济带发展座谈会，从"推动"到"深入推动"，再到"全面推动"，为长江经济带发展把脉定向。2016年1月在重庆，习近平总书记强调：推动长江经济带发展必须从中华民族长远利益考虑，走生态优先、绿色发展之路，使绿水青山产生巨大生态效益、经济效益、社会效益，使母亲河永葆生机活力。[①] 2018年4月在武汉，习近平总书记在深入推动长江经济带发展座谈会上指出："长江经济带应该走出一条生态优先、绿色发展的新路子"。[②] 2020年11月在南京，习近平总书记在全面推动长江经济带发展座谈会上更是强调：要贯彻落实党的十九大和十九届二中、三中、四中、五中全会精神，坚定不移贯彻新发展理念，推动长江经济带高质量发展，谱写生态优先绿色发展新篇章，打造区域协调发展新样板，构筑高水平对外开放新高地，塑造创新驱动发展新优势，绘就山水人城和谐相融新画卷，使长江经济带成为我国生态优先绿色发展主战场、畅通国内国际双循环主动脉、引领经济高质量发展主力军。[③] 自党的十八大以来，从全国到上海市到崇明区，始终坚持生态优先、绿色发展的战略定位，推进生态环境整治，促进经济社会发展全面绿色转型。

2018年12月，推动长江经济带发展领导小组办公室发文《关于支持上海崇明开展长江经济带绿色发展示范的意见》，崇明成为国内首个获批开展长江经济带绿色发展示范的地区。2019年2月，为更好推动崇明开展长江经济带绿色发展示范，上海市发展和改革委员会发布《上海崇明开展长江经济带绿色发展示范实施方案》。崇明区积极行动，成立崇明区推进长江经济带绿色发展领导小组，陆续出台实施

---

① 习近平在推动长江经济带发展座谈会上强调 走生态优先绿色发展之路 让中华民族母亲河永葆生机活力，http://www.gov.cn/xinwen/2016-01/07/content_5031289.htm。

② 在深入推动长江经济带发展座谈会上的讲话，https://www.ccps.gov.cn/xxsxk/zyls/201812/t20181216_125697.shtml。

③ 习近平主持召开全面推动长江经济带发展座谈会并发表重要讲话，http://www.gov.cn/xinwen/2020-11/15/content_5561711.htm。

《崇明区深入推动长江经济带生态优先绿色高质量发展暨开展长江经济带绿色发展示范的行动方案》(沪崇发改〔2019〕631号)、《崇明区开展长江经济带绿色发展示范第一轮行动计划（2019—2020年）》、《崇明区关于争当长江经济带"共抓大保护、不搞大开发"典范的实施意见》(崇委发〔2020〕6号)等重要文件。

1.1.3 三生空间政策推进国土空间优化

2000年以来，国家发展和改革委员会要求各级政府在制定规划时，不仅要考虑产业分布，还要考虑空间、人、资源、环境的协调。2008年10月国务院印发的《全国土地利用总体规划纲要（2006—2020年）》明确规定生态用地与生活用地、生产用地并行，提高城镇发展中生态用地比例。2010年12月国务院印发的《全国主体功能区规划》按开发方式和开发内容划分不同的主体功能区，按照生产发展、生活富裕、生态良好的要求，通过保证生活空间、扩大绿色生态空间、保持农业生产空间、适度压缩工矿建设空间来调整优化国土空间。2012年11月，党的十八大报告将优化国土空间开发格局作为生态文明建设的首要举措，提出"促进生产空间集约高效、生活空间宜居适度、生态空间山清水秀"的要求，为三生空间的优化指明方向。2013年12月，中央城镇化工作会议要求："按照促进生产空间集约高效、生活空间宜居适度、生态空间山清水秀的总体要求，形成生产、生活、生态空间的合理结构。"

生产空间集约高效是三生空间协调发展的根本力量，生活空间宜居适度是三生空间协调发展的重要纽带，生态空间山清水秀是三生空间协调发展的先决条件。优化生产空间的组合关系及其空间布局，是提升生产空间利用效率的有效途径之一。生活空间的宜居状况主要通过其安全性、便捷舒适性、环境亲切友好性等来体现。在社会主义现代化进程中，生态空间提供生态产品和生态服务的功能将进一步彰显，政府和人民都积极推动"绿水青山"向"金山银山"转变。2014年3月16日印发的《国家新型城镇化规划（2014—2020年）》确定了"城镇化格局更加优化""城市发展模式科学合理""城市生活和谐宜人"等发展目标。2015年12月召开的中央城市工作会议指出：做好城市工作，要顺应城市工作新形势、改革发展新要求、人民群众新期待，坚持以人民为中心的发展思想，坚持人民城市为人民。[①] 会议还指出，当前城市工作的重点在于"尊重城市发展规律""统筹

---

① 中央城市工作会议举行 习近平、李克强作重要讲话，http://china.cnr.cn/news/20151223/t20151223_520888008.shtml。

生产、生活、生态三大布局，提高城市发展的宜居性"。2020 年 11 月，习近平总书记在江苏南通考察时强调：建设人与自然和谐共生的现代化，必须把保护城市生态环境摆在更加突出的位置，科学合理规划城市的生产空间、生活空间、生态空间，处理好城市生产生活和生态环境保护的关系，既提高经济发展质量，又提高人民生活品质。① 在此战略领导下，上海市及崇明区积极实践。2021 年，上海市人民政府办公厅印发《上海市自然资源利用和保护"十四五"规划》，规划中指出要统筹规划、建设、管理环节和生产、生活、生态空间，以高品质国土空间规划，探索上海特色的自然资源管理之路。2022 年，《崇明世界级生态岛发展规划纲要（2021—2035 年）》指出要将崇明世界级生态岛打造成绿色生态"桥头堡"、绿色生产"先行区"、绿色生活"示范地"。

1.2　理 论 基 础

1.2.1　三生空间理论

随着我国城镇化进程的快速推进，城市生产与生活活动对于空间的需求日益高涨，三生空间利用的失衡已经造成环境污染、生态系统功能退化、生活空间设施配套不全等问题。三生空间理论的持续发展，对于推进我国高质量发展具有重要理论和现实意义。

三生空间涵盖了生物物理过程、直接和间接生产以及精神、文化、休闲、美学的需求满足等，是自然、社会、经济多系统协同耦合的产物[2]，是认知资源、社会、经济、环境问题的桥梁。要科学合理规划生产空间、生活空间，处理好生产、生活和生态环境保护的关系，首先需要从理论上明确何为三生空间、三生空间之间具有怎样的内在关系等问题。从三生空间的内涵来说，三生空间是对生产空间、生活空间和生态空间三类空间的总称，但学术界对于生产、生活和生态空间概念的理解尚未统一，主要有以下两种代表性观点。

一是以空间功能为依据对三生空间进行界定，这也是学术界的主流观点。生产空间是以生产功能为主导的场所，是主要向人类提供生物质产品和非生物质产品及服务的空间。生活空间是以生活功能为主导的空间，是人类为了满足居住、

---

① 习近平在江苏考察时强调　贯彻新发展理念构建新发展格局　推动经济社会高质量发展可持续发展，http://www.cppcc.gov.cn/zxww/2020/11/16/ARTI1605489143045134.shtml。

消费、娱乐、医疗、教育等各种不同需求而进行各种活动的空间。生态空间是以生态功能为主导、提供生态产品和服务的空间，是主要承担生态系统与生态过程的形成、维持人类生存的自然条件及其效用的空间[3]。二是以用地性质为依据对三生空间进行界定。生产空间是主要用于生产经营活动的场所，生活空间是人们居住、消费和休闲娱乐的场所，生态空间则是处于宏观稳定状态的物种所需要或占据的环境总和[4]。尽管学界对三生空间的界定不一，但研究三生空间的目的都是要地尽其利、地尽其用，这也是空间资源优化配置的核心。

在理解三生空间的相互关系方面，三生空间既相互独立，又相互关联，具有共生融合、相互制约的特点。首先，生态空间是前提和基础并具有先在性，生态空间是维系生态系统持续稳定的前提条件，支撑生产和生活空间实现自身功能；生活空间是目的，空间优化是为了使生活空间更加美好；生产空间是根本，决定着生活空间、生态空间的状况[4-7]。其次，生产空间和生活空间与生态空间之间是彼此交融、不可分割的。人们的一切生产、生活活动都必须在生态空间中开展，因此生产空间和生活空间是在生态空间中生成的。最后，生产空间与生活空间之间也是彼此交融、不可分割的。人们生活首先是要满足基本的生存需求，因此首要的活动是生产满足这些生存需求的资料。换句话说，人们为了生活必须进行的生产和再生产活动使得生产空间和生活空间之间具有共生交融的关系。更有学者[7]指出，在一定程度上，生产空间就是人们的生活空间，生活空间就是人们的生产空间。一方面，人们在生产空间中生活着，生产方式造就了人类消费、出行、休闲娱乐等生活方式，生产活动的成果决定着人类的生活消费内容。另一方面，生活的重要内容之一就是生产，人类在生活空间中从事着生产活动，生活空间的气候特征、资源禀赋、环境状况以及人口的数量、质量和结构等都直接影响着人类的生产内容、生产方式和生产结果。总之，三类空间的功能性质在多数情况下是多元复合的，生产、生活、生态代表的只是其所在空间的主导功能，它们不是一成不变的，而是时刻动态变化着的[7]。

三生空间优化协调是三生空间研究的热点与关键。对三生空间的概念内涵界定、关系识别的最终目标是促进三生空间优化协调发展。需要注意的是，当代城市存在的三生空间问题是生产、生活和生态空间之间的不协调，而非生产、生活空间越来越大且生态空间越来越小的问题[8]。如今我们所拥有的生态空间大小已远远超过了以往任何时刻。一般地，三生空间之间的不协调问题可以总结为，一是生产空间主宰了生活空间，人们的生活空间总是围绕着生产空间；二是生产和生活空间的扩张速度与生态空间物质能量再平衡的速度不匹配，这种不匹配也包括了前者的速度落后于后者的速度。这也是我国部分岛屿的现状：尽管生态建设屡创新高，但当地的经济水平和居民生活水平并未得到相应程度的提高，也就是说，绿水青山尚未转化为金山银山。

综上所述，已有研究聚焦于全国、省级和城市尺度三生空间的研究，或者是对某一乡村的案例分析，但针对我国岛屿三生空间的系统评价研究不足，如何促进人居岛屿生产、生活和生态空间的协调发展还有待进一步深化。

1.2.2 与三生空间相关的理论基础

人居环境科学理论、可持续发展理论、宜居城市理论和生态现代化理论等理论思想从不同角度出发，为三生空间的研究和实践提供了坚实的理论基础。

1. 人居环境科学理论

人居环境科学（science of human settlements）起源于希腊学者佐克西亚季斯（C.A.Doxiadis）在20世纪50年代提出的人类聚居学，是以人类聚居地（包括乡村、集镇、城市等）为研究对象，着重探讨人与环境之间的相互关系的科学。20世纪现代建筑的成就则进一步拓宽了人居环境的时空领域，为未来人居环境的建设提供种种新的可能性[9]。

国际方面，1976年，联合国在温哥华召开第一届人居大会（简称人居一）。此次学术会议在人居环境科学研究方面取得新进展，正式接受了人类住区的概念并于1978年成立了"联合国人居中心"。1981年，国际建筑师协会的华沙大会确立"建筑·人·环境"的整体概念，把人居环境的建设和发展与社会统一起来，强调城市的建设目标是满足居民的不同需求，为居民提供满意的人居环境。1996年，第二届联合国人类住区会议（简称人居二）在伊斯坦布尔举行，会议的目标是探讨两个同样具有全球性重要意义的主题即"人人有适当住房"和"城市化世界中的可持续人类住区发展"。2001年，"伊斯坦布尔+5"会议检阅了"人居二"执行情况并讨论未来需优先关注的问题。由此，世界范围内人们逐渐开始关注人居环境问题。2016年，第三届联合国住房和城市可持续发展大会（简称人居三）进一步关注"社会融合与公平、城市经济与生态环境等六大领域"，这标志着城市人居环境从传统的以物质发展为核心向"以人为中心"、社会经济与生态环境可持续发展模式的转变。

在我国，1989年，吴良镛先生在出版的《广义建筑学》首次提出了"人居环境"学科群概念，并于1993年中国科学院技术科学部学部大会上首次正式提出建立"人居环境科学"，尝试建立新的学科群。2001年，他出版了著作《人居环境科学导论》。人居环境是人类聚居的地方，是工作劳动、生活居住、休息游乐和社会交往的地表空间[9]。人居环境的形成是社会生产力发展引起生存方式变化的结果。人居环境科学是一门以人类聚居为研究对象，着重探讨人与环境之间的相互关系的科学，强调把人类聚居作为一个整体，全面、系统、综合地加以研究[10]。

随着人居环境科学的进一步发展和深化，我国人居环境科学逐渐形成五大前提、五大系统、五大层次和五大原则[10-14]。

五大前提：人居环境的核心是"人"，以满足"人类居住"需要为目的。大自然是人居环境的基础，人居环境建设活动离不开自然背景。人居环境是人类与自然之间发生联系和作用的中介，理想的人居环境是人与自然的和谐统一。人居环境内容复杂。人创造人居环境，人居环境又对人的行为产生影响。

五大系统：人居环境从内容上划分为五大系统，即自然系统、人类系统、社会系统、居住系统、支撑系统。其中，自然系统是指自然环境和生态环境；人类系统侧重分析个体聚居者的基本需求、行为、心理等理论；社会系统主要指由来自不同地区、具有不同阶层和社会关系等的人群组成的体系及其有关的机制、原理、理论；居住系统主要指住宅、社区设施、城市中心等居住物质环境及艺术特征；支撑系统主要指人类住区的基础设施，包括交通、公共服务设施、市政基础设施等技术支持保障系统。

五大层次：人居环境划分为全球、区域、城市、社区（村镇）、建筑等五大层次。

五大原则：生态观是指正视生态的困境，增强生态意识。经济观是指人居环境建设与经济发展良性互动。科学观是指发展科学技术，推动经济发展和社会繁荣。社会观是指关怀人民群众，重视社会发展整体利益。文化观则指科学的追求与艺术的创造相结合。这五项原则之间相互关联、相互依存。

因此，人居环境是一个动态的复杂系统，其内部一直进行着物质、能量、信息等要素的交互，这与三生空间中生产、生活和生态功能相契合。

2. 可持续发展理论

可持续发展理论（sustainable development theory）源于世界各国对自然环境保护问题的深入探讨。根据梅布拉图（Mebratu）的观点，可持续发展理论可分为三个时期：前斯德哥尔摩时期（1972年之前）、从斯德哥尔摩到WCED时期（1972～1987年）、后WCED时期（1987年至今）[15]。世界环境与发展委员会（World Commission on Environment and Development，WCED）在1987年发表了《我们共同的未来》，这被认为是建立可持续发展理论的起点。1987～1992年，学者们先后提出对"可持续发展"约70种不同的理解，并由此引发激烈辩论。雷德克利夫（Redclift）将"可持续发展"演绎为一种真理[16]，奥赖尔登（O'Riordan）认为这是一个矛盾的概念[17]，霍尔姆贝格（Holmberg）和蒂克尔（Tickell）认为，可持续发展的概念仍在发展、演变之中，需要根据空间和实践的不同来完善[18]。

1992年，在巴西里约热内卢召开的联合国环境与发展大会是WCED之后的另一次突破，大会首次提出可持续发展及行动纲领，呼吁全世界采取与生态环境发展相协调的经济社会发展战略。在认识到发展的必然性和必要性的同时，2002年，在南非约翰内斯堡举行的联合国世界可持续发展首脑会议指出，未来只有在可持续的框架内实现发展，才能确保获得自然资源。在此基础上，2005年世界首脑会议提出可持续发展应该包含三个组成部分——经济发展、社会发展和环境保护。2015年9月，联合国可持续发展峰会推出可持续发展目标，设置了17个具体的发展目标，包括169个具体目标，并将实现这些目标的最后期限定为2030年，旨在2030年前以综合方式彻底解决社会、经济和环境三个维度的发展问题，转向可持续发展道路。

可持续发展理论强调环境与经济社会的双可持续，其最终目的是达到共同、协调、公平、高效、多维的社会发展。可持续发展的内涵认知包括三方面，第一，人类向自然的索取能够与人类向自然的回馈相平衡；第二，人类对于当代的努力能够同对后代的贡献相平衡；第三，人类对本区域发展的思考能够同时考虑到其他区域乃至全球利益[19]。可持续发展理论蕴含着三大基本原则，包括公平性、持续性、共同性。公平性原则是可持续发展遵循人与自然、自然与社会的公平原则，促进代内公平和代际公平共同发展，注重资源分配的公正性。持续性原则的核心，是从自然环境保护、资源回收利用和生态补偿系统方面都要保证生态发展的可持续性。共同性原则要求世界各国共同承担可持续发展的责任和义务。

可持续发展进程大致可分为"弱可持续发展"和"强可持续发展"两种类型[20]。"弱可持续发展"以人为中心，"自然"被认为是一种资源，为了实现人类目标可以使其效用最大化。"强可持续发展"以"自然"为中心，认为"自然"不必在任何时候都对人类的需求有益，且人类也不具有剥削"自然"的固有权力。2021

年 10 月，中国科学院科技战略研究院发布的《2020 中国可持续发展报告》也以"探索迈向碳中和之路"为主题。有学者提出，过去 30 年，我国的可持续发展已经从"以人为中心"向"以自然为中心"进行转变[21]。

可持续发展理论已长期嵌入我国的发展理念与政策实施。2022 年 7 月，联合国发布《2022 年可持续发展报告》（Sustainable Development Report 2022）①，报告显示，中国以综合指标得分 72.4 分排名第 56 位。这展现出我国为共同实现可持续发展目标做出的不懈努力。可持续发展所关注的经济发展、社会发展和环境保护亦分别指导生产、生活和生态空间的发展方向，是三生空间的重要理论基础。

3. 宜居城市理论

宜居城市理论（livable city theory）起源于对居住环境问题的研究，最早可追溯于"田园城市"理念引导的田园都市研究。19 世纪中后期，西方城市工业化快速发展的同时带来城市蔓延、城市生态环境恶化等问题。1898 年，霍华德（Howard）提出"田园城市"理念，他的《明日的田园城市》（Garden Cities of Tomorrow）一书被认为是近代宜居城市思想的萌芽，为城市生产、生活空间发展与城市生态环境优化提供启蒙思想。第二次世界大战后，有限的自然资源与不断扩大的工业生产和居民消费需求之间形成较为尖锐的矛盾，大量学者从不同的角度思考城市的科学发展。大卫·史密斯（David Simth）在其著作《宜居与城市规划》（Amenity and Urban Planning）中提出了宜居的概念，倡导了宜居的重要性。由此，宜居城市理论不断发展和壮大，但不同学者对宜居城市的概念理解也略有不同。

1985 年，由亨利·伦纳德（Henry Lennard）发起成立了国际宜居城市研究组织[22]，把宜居城市研究推向新的高度。萨尔扎诺（Salzano）从可持续的角度发展了宜居的概念，认为宜居城市链接了过去和未来，它尊重历史的烙印即我们的足迹，也尊重我们的后代[23]。哈尔韦格（Hahlweg）指出宜居城市是一个居民能有健康的生活、具有便捷交通、令孩子和老人感到安全、能够轻易地接近绿地的城市[24]。也有学者认为，在研究城市的居住环境时，不仅要从个人获得的利益（或损害）的角度来考察居住环境的概念，如安全性、保健性、便利性、舒适性等，也要考虑个人对整个社会做出了何种程度的贡献，即必须建立起"可持续性"的

---

① 可持续发展报告 2022，https://www.sustainabledevelopment.report/reports/sustainable-development-report-2022/。

理念[25]。可见，国外研究较为注重城市居民对城市发展决策的参与能力和城市的可持续发展。换句话说，并非目前城市居民生活质量高就是整个城市宜居，而是有可持续发展潜力的城市才有可能成为宜居城市。

在国内，有学者认为一个"宜居城市"要有充分的就业机会，舒适的居住环境，要以人为本，并可持续发展。宜居城市应是经济持续繁荣、社会和谐稳定、文化丰富厚重、生活舒适便捷、景观优美怡人、公共秩序井然有序的适宜人们居住、生活、就业的城市[26]。国内有关宜居城市概念的观点可以归纳为利"生"的城市，具体有重视生态与人文环境条件观、可持续发展保障观、公平和谐观和综合观等。总之，一个城市是否宜居要看城市发展的经济指标，更重要的是看城市是否能够满足居民对居住和生活环境的需求。此外，李业锦等进一步提出宜居城市的理论基础包括可持续发展、人居环境、生态城市等，可持续发展理念是城市建设所依据的基本指针；人居环境内涵是宜居城市的研究内容，宜居城市则是城市人居环境建设的目标；生态城市对宜居城市的发展具有直接指导意义[27]。换句话说，一个"宜居城市"必须做到三生空间协调，让城市能够满足生产空间上的持续和繁荣、生活空间上的舒适和便捷以及生态空间上的优美和低碳。

4. 生态现代化理论

生态现代化理论（ecological modernization theory）旨在解释经济增长与环境退化之间的悖论，反思环境保护与经济发展之间的关系，探讨现代化和生态环境相互作用的知识规律，且旨在以技术革新、政府调控等手段来改善经济与环境之间的关系，被西方学者作为应对现代化进程中出现的生态环境问题的新举措[28-29]。生态现代化理论是在20世纪80年代西欧的一些发达国家最先发展起来的。德国环境社会学家约瑟夫·胡伯（Joseph Huber）从工业社会学视角出发，首先提出生态现代化的概念，即利用人类智慧去协调经济发展和生态进步的理论，且生态现代化是一个广泛的社会过程，是生产和消费模式的生态转型模式[30]。生态现代化理论尚未有统一的定义，但其核心内容是以发挥生态优势推进现代化进程，实现经济发展和环境保护的双赢[31]。不同的学者从不同的研究角度对生态现代化理论做出阐述，丰富了生态现代化理论的内涵。生态现代化理论主要包括以下两个方面。

首先，生态现代化理论以"解放"生态为基础，并以绿色增长作为最终的追求目标。生态现代化学者反对"去现代化"和"去工业化"的消极观点，认为必须进行"再植入"（reembedding），以在现代化与自然之间寻求一个平衡，也就是先将生态从经济活动中解放出来,将对生态的尊重"再植入"到目前的经济活动中去。金书泰等认为,"解放"生态包括两个步骤:一是把生态从经济中抽离出来,它具有独立的价值且不再依附于经济活动,而是一个与经济对等的维度;二是在追求经济理性的同时要追求生态理性,经济活动应该是生态友好的[32]。换句话说,生态现代化理论追求可持续化的生态。

其次,生态现代化的核心机制是技术创新和制度创新。生态现代化理论从一开始就强调创新,核心机制就是技术创新和外部性内部化,通过技术创新实现"生态经济化",通过制度创新实现"生态经济化"。一方面,技术创新在环境治理中将发挥重要作用。技术创新包含了"新技术出现、扩散、取代旧技术、围绕新技术的上述元素的变化、新技术体系的形成"这样一个过程,并不仅仅是简单的技术替代。节水、节能、节材、资源回收及再利用等一系列绿色工业技术的研发创新和应用不但能够积极地预防和应对环境问题的发生,而且还可以给工业企业带来更大的利润、提升企业的竞争力,使现代工业化得以稳步推进。生态现代化学者对科学技术抱有非常积极的态度,约瑟夫·胡伯被认为是第一个坚持所有成功的环境改革都与技术相关的学者,他认为环境技术的创新是通向可持续发展之路必不可少的部分。生态现代化理论学者通过大量研究表明科学技术、社会组织的发展与转变,各类环保技术得到运用以解决环境问题,并取得了明显成效。另一方面,制度创新主要强调政府与市场关系的转变,实际上也是重新构建经济发展和环境保护的关系。生态现代化理论为克服传统官僚体制在环境政策决策低效率方面提供了两种策略:一种是政府的环境政策转变,从末端治理、应对型转变为预防型,从独断式到参与式,从集中式到分散式;另一种是包含了政府与市场之间责任、激励和义务的转移。政府为社会的"自我管理"提供条件和激励。政府和市场关系的转变体现为商业和公共参与者在政策形成、制定、执行等更高层次的合作,市场力量不再仅仅是试图影响政策,而是成为政策制定过程中的一部分。

摩尔(Mol)于1995年提出了生态现代化的六大假设,并以荷兰的化学行业进行检验[33]。通过荷兰的实证研究,摩尔认为生态现代化在荷兰已经来临,生态理性开始渗透到各个方面,科学技术、市场体制、工业生产、政治体制等已经发生了积极的转变[33]。生态现代化理论在部分西方发达国家进行了实践,切实改善了生态环境污染问题,促进了经济发展与环境保护耦合发展。

生态现代化理论着重关注三生空间中生产和生态空间的耦合发展关系。随着生态现代化理论逐渐在我国传播,有必要从生态现代化理论视角研究世界级生态岛建设。

本章参考文献

[1] 赵腊平.「两山」理论的历史、理论和现实逻辑——写在习近平总书记提出「两山」理论十五周年之际[EB/OL]. https://www.mnr.gov.cn/zt/xx/xjpstwmsx/zypl_36556/202008/t20200816_2542131.html[2020-08-16].

[2] 李广东, 方创琳. 城市生态—生产—生活空间功能定量识别与分析[J]. 地理学报, 2016, 71（1）: 49-65.

[3] 黄安, 许月卿, 卢龙辉, 等.「生产-生活-生态」空间识别与优化研究进展[J]. 地理科学进展, 2020, 39（3）: 503-518.

[4] 朱媛媛, 余斌, 曾菊新, 等. 国家限制开发区「生产—生活—生态」空间的优化——以湖北省五峰县为例[J]. 经济地理, 2015, 35（4）: 26-32.

[5] 刘燕. 论「三生空间」的逻辑结构、制衡机制和发展原则[J]. 湖北社会科学, 2016（3）: 5-9.

[6] 黄金川, 林浩曦, 漆潇潇. 面向国土空间优化的三生空间研究进展[J]. 地理科学进展, 2017, 36（3）: 378-391.

[7] 许伟.「三生空间」的内涵、关系及其优化路径[J]. 东岳论丛, 2022, 43（5）: 126-134.

[8] 张春花, 曲玮, 石水莲, 等. 基于「三生」空间视角的辽宁沿海经济带岸线利用适宜性评价——以大连庄河沿海为例[J]. 海洋开发与管理, 2016, 33（05）: 20-23, 31.

[9] 吴良镛. 人居环境科学的人文思考[J]. 城市发展研究, 2003（5）: 4-7.

[10] 韩雪婷. 人居环境科学理论指导下的村庄整治规划初探[D]. 北京: 北京交通大学硕士学位论文, 2016.

[11] 吴良镛. 关于人居环境科学[J]. 城市发展研究, 1996（1）: 1-5, 62.

[12] 吴良镛. 人居环境导论[M]. 北京: 中国建筑工业出版社, 2001.

[13] 周干峙. 吴良镛与人居环境科学[J]. 城市发展研究, 2002（3）: 5-7.

[14] 王毅. 人居环境论[M]. 北京: 经济管理出版社, 2021.

[15] Mebratu D. Sustainability and sustainable development[J]. Environmental Impact Assessment Review, 1998, 18（6）: 493-520.

[16] Redclift M. Sustainable Development: Explaining the Contradictions[M]. London: Routledge, 1987.

[17] O'Riordan T. Research policy and review 6. Future directions for environmental policy[J]. Environment and Planning A, 1985, 17（11）: 1431-1446.

[18] Holmberg M, Tickell C. Making Development Sustainable: Redefining Institutions Policy and Economics[M]. Washington: Island Press, 1992.

[19] 牛文元. 可持续发展理论的内涵认知——纪念联合国里约环发大会20周年[J]. 中国人口·资源与环境, 2012, 22（5）: 9-14.

[20] Williams C C, Millington A C. The diverse and contested meanings of sustainable

development[J]. The Geographical Journal, 2004, 170（2）: 99-104.

[21] 张晓玲. 可持续发展理论：概念演变、维度与展望 [J]. 中国科学院院刊, 2018, 33（1）: 10-19.

[22] Lennard H L. Principles for the Livable City[C]// Lennard S H, von Ungern- Sternberg S, Lennard H L. Making Cities Livable. International Making Cities Livable Conferences. California: Gondolier Press, 1997.

[23] Salzano E. Seven Aims for the Livable City[C]// Lennard S H, von Ungern- Sternberg S, Lennard H L. Making Cities Livable. International Making Cities Livable Conferences. California: Gondolier Press, 1997.

[24] Hahlweg D. The city as a family[C]// Lennard S H, von Ungern-Sternberg S, Lennard H L. Making Cities Livable. International Making Cities Livable Conferences. California: Gondolier Press, 1997.

[25] 浅见泰司. 居住环境：评价方法与理论 [M]. 高晓路, 张文忠等, 译. 北京：清华大学出版社, 2006.

[26] 李丽萍, 郭宝华. 关于宜居城市的理论探讨 [J]. 城市发展研究, 2006（2）: 76-80.

[27] 李业锦, 张文忠, 田山川, 等. 宜居城市的理论基础和评价研究进展 [J]. 地理科学进展, 2008（3）: 101-109.

[28] 景君学, 高洁. 生态现代化理论的当代启示 [J]. 山东干部函授大学学报（理论学习）, 2021（6）: 42-46.

[29] 薄海, 赵建军. 生态现代化：我国生态文明建设的现实选择 [J]. 科学技术哲学研究, 2018, 35（1）: 100-105.

[30] 张童彤. 西方生态现代化理论及其对我国生态文明建设的启示 [D]. 合肥：合肥工业大学硕士学位论文, 2021.

[31] Hajer M. The Politics of Environment Discourse: Ecological Modernisation and the Police Process[M]. Oxford: Oxford University Press, 1995.

[32] 金书秦, Arthur P, Bettina B. 生态现代化理论：回顾和展望 [J]. 理论学刊, 2011（7）: 59-62.

[33] Mol A, Spaargaren G. Ecological modernisation theory in debate: a review[J]. Environmental Politics, 2000, 9（1）: 17-49.

第二章

世界级生态岛三生空间指数与指标体系

崔璨[1,2]，张叶玲[1,2]
（1.崇明生态研究院；2.华东师范大学城市与区域科学学院）

2.1 世界级生态岛三生空间指数概念

世界级生态岛三生空间指数是衡量一定时期内人居岛屿综合发展状况的评价指数，主要反映岛屿在生产、生活以及生态空间之间的总体协调发展水平，希望借此促进岛屿三生空间协调发展。世界级生态岛三生空间指数，可以直观反映各年岛屿的发展状况，对比不同岛屿各年三生空间指数及生产、生活和生态空间分维度指数，反映不同岛屿在综合发展状况以及生产、生活和生态各维度发展状况之间的差异。

在构建世界级生态岛三生空间指数时需要关注两点。首先，在三生空间协调发展的过程中，在促进生产的绿色高效发展，加强良好的民生工程建设的同时，要注意生态的持续健康发展。构建世界级生态岛三生空间指标体系旨在促进生产、生活和生态空间的协调发展，关注三个维度各自的不足之处，最终实现耦合增长。其次，尽管建设世界级生态岛由上海市崇明区政府首先提出，但本书构建的世界级生态岛三生空间指数并不仅仅限于崇明，而意图服务于我国所有人居岛屿建设，更有望与国外岛屿建设指数进行对比，最终实现岛屿生产、生活和生态空间的协调发展。

2.2 世界级生态岛三生空间指标体系构建

2.2.1 世界级生态岛相关指标体系

已有不少研究构建了三生空间的评价测度指标（表2-1），本书在构建世界级生态岛三生空间指标体系时也进行了广泛参考。现有学者在测度生产空间时选取的三级指标十分广泛。但可以发现，学者们均关注经济发展效益水平，且在指数选取上用均值水平（如地均财政收入、人均生产总值）进行反映。在经济可持续发展理念的引导下，产业结构的优化升级（如第三产业在生产总值中的占比）常被用来测度生产空间指数。在生活空间指数的测度指标中，尽管已有文献对二级指标的描述存在差异，但基本涵盖居民的居住水平、教育水平和医疗水平，三级指标包括人均居住面积、人均道路面积、人均拥有学校数、人均拥有医疗床位数等。此外，也有研究关注生活空间的安全性和健康性。在生态空间指数的测度方面，已有文献选用的指标大致可以分为环境质量和治理水平两方面。环境质量反映生态环境的状态，测度的指标包括森林覆盖率、水环境指数、空气环境指数等；治理水平反映当地管理环境的能力，测度的指标包括万元GDP能耗、生活垃圾无害化处理率等。

表2-1 有关三生空间评价测度体系

作者和文章	主要观点
刘鹏飞，孙斌栋．中国城市生产、生活、生态空间质量水平格局与相关因素分析[1]	生产空间质量指数包括投入集约和产出高效。投入集约包括单位城市建设用地研发经费投入、二三产业就业人数等5个三级指标，产出高效包括单位建设用地二三产业增加值、财政收入、专利数等8个三级指标。 生活空间质量指数包括舒适性、便捷性、公平性、安全性和健康性。舒适性包括人均住房面积等3个三级指标，便捷性包括城镇路网密度、每万人拥有轨道交通线路长度等4个三级指标，公平性包括每万人拥有学校数、医生数、病床数及城乡收入差距，安全性包括每万人交通事故死伤人数等6个三级指标，健康性包括人均期望寿命等4个三级指标。 生态空间质量指数包括增绿、减污和防灾。增绿包括建成区绿化覆盖率、人均公园绿地面积，减污包括万元GDP能耗、生活垃圾无害化处理率等9个三级指标，防灾包括热岛效应指数和城市内涝指数
张春花，曲玮，石水莲，等．面向国土空间优化的三生空间研究进展[2]	生产空间包括投入强度、利用程度、产出效益。投入强度包括单位建设用地固定资产投资、单位农用地农业机械总动力，利用程度包括土地开发率和灌溉保证率，产出效益包括地均财政收入、单位农用地农业产值及单位耕地面积粮食产量。 生活空间包括居住、出行和服务。居住包括人均居住用地面积、人均绿地面积和人口密度，出行包括道路覆盖率、人均道路面积，服务是指公共服务设施完备度。 生态空间包括生态环境和治理能力。生态环境包括林地覆盖率、水面面积率以及自然保留地面积率，治理能力包括生活垃圾无害化处理率、饮用水水源水质达标率

续表

作者和文章	主要观点
李秋颖，方创琳，王少剑.中国省级国土空间利用质量评价：基于"三生"空间视角[3]	生产空间利用质量包括投入、效益、利用强度及可持续发展指数。投入指数包括单位建设用地固定资产投资额和二三产业就业人数，效益指数包括单位建设用地财政收入和单位耕地面积一产增加值，利用强度指数包括建成区人口密度等4个三级指标，可持续发展指数包括万元GDP能耗等4个三级指标。 生活空间利用质量包括舒适度、便捷度、保障度和安全度指数。舒适度指数包括人均住房面积和每千人医生数，便捷度指数包括城镇路网密度、每万人公共交通车辆和互联网普及率，保障度指数包括用水普及率、燃气普及率和城乡一体化指数，安全度指数包括万人交通事故死伤人数、万人火灾发生数和社会保险覆盖率。 生态空间利用质量包括森林覆盖指数、建成区绿化覆盖指数、湿地覆盖指数以及生态环境质量指数。森林覆盖指数包括森林覆盖率和人均森林面积，建成区绿化覆盖指数包括建成区绿化覆盖率和人均绿地面积，湿地覆盖指数包括湿地面积占辖区面积比重和人均湿地面积，生态环境质量指数包括空气质量达标率、污水处理率、生活垃圾无公害化处理率以及工业固体废弃物综合利用率
王成，唐宁.重庆市乡村三生空间功能耦合协调的时空特征与格局演化[4]	生产功能包括农业生产功能和非农业生产功能。农业生产功能指标包括人均耕地面积、粮食产量以及农业商品产值，非农业生产功能指标包括人均农林牧渔服务业总产值以及乡村人口非农就业比例。 生活功能包括生活保障功能和福利保障功能。生活保障功能指标包括人均纯收入、恩格尔系数以及人均住房面积，福利保障功能指标包括受教育比例、每万人拥有病床位数。 生态功能包括生态净化功能和生态供给功能。生态净化功能指标包括农村居民人均农用化肥使用量及人均农药使用量，生态供给功能指标包括森林覆盖率及农村居民人均水资源量
于婧，陈艳红，唐业喜，等.基于国土空间适宜性的长江经济带"三生空间"格局优化研究[5]	生产空间适宜性指标包括地均农业总产值及地均工业总产值。 生活空间适宜性指标包括夜间灯光亮度、道路交通网密度和人均可支配收入。 生态空间适宜性指标包括净第一性生产力、高程和坡度

关于海岛发展方面，国内外文献从可持续角度提出了丰富的评价体系。丰爱平等构建了海岛生态指数及发展指数评价体系，对我国130个岛屿进行评估[6]。海岛生态指数是衡量一定时期内某个海岛生态状态的综合评价指数，评价指标体系主要包括生态环境、生态利用、生态管理和其他指标4个一级指标。生态环境包括植被、岸线和水质三方面，这3个二级指标分别对应植被覆盖率、自然岸线保有率及海岛周边海域水质状况这3个三级指标。生态利用包括利用强度和环境治理两方面，利用强度的测度指标为岛陆建设用地面积比例，环境治理由污水处理率和垃圾处理率2个三级指标测度。生态管理仅有规划管理1个二级指标，反

映海岛综合管理和保护力度，用来测度的三级指标为规划制定及实施情况。其他指标包括特色保护、违法行为和生态损害三方面。其中，特色保护是指珍稀濒危物种及栖息地、古树名木、自然和历史人文遗迹等保护情况；违法行为是负向指标，即存在违法用海、用岛行为；生态损害也是负向指标，是指发生污染、非法采捕、乱砍滥伐等。

海岛发展指数是衡量一定时期内某个海岛综合发展状况的评价指数，反映不同地区不同海岛综合发展状况的差异，包括了通用指标、综合成效指标以及负向指标。通用指标包含5个一级指标，即经济发展、生态环境、社会民生、文化建设、社区治理。①经济发展由单位面积财政收入和居民人均可支配收入2个指标进行测度。②生态环境包含环境支撑、环境压力和环境质量3个二级指标。其中，环境支撑由植被覆盖率和自然岸线保有率测度，环境压力由岛屿建设用地面积比例测度，环境质量由周边海域水质情况、污水处理率和垃圾处理率测度。③社会民生包含基础社会实践条件和公共服务能力2个二级指标。基础设施条件包含基础设施完备状况、防灾减灾设施、对外交通条件3个三级指标，公共服务能力包括每千名常住公共卫生医疗人员数和社会保障情况2个三级指标。④文化建设包括由教育设施情况测度的教育水平及由人均拥有文化体育设施面积测度的文化建设水平2个指标。⑤社区治理由规划管理、乡规民约建设及警务机构和社会治安满意度进行测度。此外，综合成效指标包括海岛品牌创建、资源循环利用等4个指标，负向指标则包括生态损害和安全事故1个指标。

柯丽娜等从生存指标、环境状况、社会发展、智力评价四个层面对我国12个海岛县可持续发展状况进行评价。其中，海岛生存支持系统包括海水养殖产量、粮食产量、海洋捕捞产量、渔业总产量、海岛淡水资源量、年旅游收入、年海上货运运输量等7个三级指标。海岛环境支持系统包括海岛沿岸海域水质综合指数、岛内空气污染综合指数、工业废水排放达标率、工业固体废弃物利用率、工业废气处理率和森林覆盖率。海岛发展支持系统包括实际使用外资、人均GDP、固定资产投资额、社会消费品总额、第三产业占GDP比重和社会劳动生产率。海岛智力支持系统包括人口自然增长率、人均收入水平、人均教育经费支出、科学事业费、科技三项费占财政支出比例、医生数、电话普及率、教师数以及中小学在校学生数。评价结果表明，到2008年，长岛县可持续发展综合能力指数位列12个海岛县中第一，可持续发展已达到较高水平。[7]

Gao等针对我国福州平潭县建立了可持续评价体系，评价体系包括压力（pressure）、现状（status）和反馈（response）3个一级指标。压力包括社会经济压力及资源环境压力，前者以人口增长率、人均生活用水量、人均用电量和年度游客数变化测量，后者由水质达标率、空气质量合格率、浅滩湿地变化率以及生态系统服务功能价值损失测量。现状包括社会经济现状及资源环境现状，前者由单位面积经济净收入、人均消费支出及人均收入年均增长率测度，后者包括水产品总产量、人均森林面积及绿化覆盖率这3个三级指标。反馈包括社会经济反馈和资源环境反馈。其中，社会经济反馈包括农林牧渔业总产量、工业产值年增长率及第三产业占总产值比重，资源环境反馈以城镇污水集中处理率、生活垃圾无公害化处理率及土地开发面积增长率测度。[8]

为促进崇明世界级生态岛建设，崇明区政府结合崇明区实际情况构建了一些目的导向型指标。2018年上海市批复《上海市崇明区总体规划暨土地利用总体规划（2017—2035年）》，该文件针对崇明土地利用发展的核心指标确定了具体发展目标。核心指标涉及六个方面，即更加韧性的生态环境、高效集约的资源利用、睿智发展的城乡空间、和谐幸福的人居品质、低碳安全的基础设施、更可持续的绿色发展。2022年，上海市印发《崇明世界级生态岛发展规划纲要（2021—2035年）》，规划纲要中构建了崇明世界级生态岛发展指标体系。该指标体系包括了"+生态"以及"生态+"两方面的指标，前者涉及物种数量、水体质量、土壤质量及生态空间占比，后者包括碳排放量、生态产品总值年增长率、第三产业增加值占GDP比重、人均社会事业财政支出以及公众综合满意度。

一些学者对崇明岛的发展状况进行了评估。Shi等对崇明岛现状建立了可持续评价体系，主要包括经济可持续发展指数、社会可持续发展指数及资源环境可持续发展指数。经济可持续发展指数的二级指标包括经济水平、经济结构、经济效益、经济繁荣和经济强度。每个二级指标分别以GDP，第一、第二和第三产业占GDP的比例，人均GDP，商品流通度，单位GDP耗电量和用水量进行衡量。社会可持续发展指数的二级指标包括人口数量、基础设施水平、教育水平、医疗保障和居住水平。其中，基础设施水平以每千人用电量和每千人用水量等进行测度，教育水平以每千人学生数进行测度，医疗保障以每千人医疗床位数进行测度，居住水平以人均可支配收入进行测度。资源环境可持续发展指数包括环境质量、资源水平及资源环境管理三方面。其中，环境质量包括水环境指数、空气环境指数等4个三级指标，资源水平包括人均土地面积、人均耕地面积等4个三级指标，资源环境管理包括每万元产出工业废水排放量、工业固体废物利用率及人均工业废气排放量。[9]仲崇峻等借鉴国内外通用的相关指标体系并结合专家研讨结果，以崇明岛为例构建了海洋生态岛建设指标体系，并将其分解为集约节约、环境友好、经济持续、社会和谐、科技创新五大核心考察目标层。其中，集约节约包括水资源、能源和土地资源层面的多种指标，如森林覆盖率、工业用水重复率；环境友好包括空气质量、水环境质量、土地环境质量、垃圾处理、噪声、景观和生物多样性；经济持续包括经济发展、收入水平、产业结构和区位发展可持续性；社会和谐包括用岛矛盾、规划编制、公众参与；科技创新包括绿色建筑、绿色交通、特色风貌、防灾减灾和数字岛屿。[10]

2.2.2 世界级生态岛三生空间指标体系的构建

借鉴相关文献的指标体系以及三生空间指数的内涵，本书构建了世界级生态岛三生空间指标体系（表 2-2）。该指标体系包括一级指标层、二级指标层和三级指标层。一级指标层包括生产空间指数（PQI）、生活空间指数（LQI）和生态空间指数（EQI）。生产空间指数由效益产出（PQI1），绿色生产（PQI2）和创新（PQI3）构成，生活空间指数由居住环境（LQI1）、公共服务（LQI2）和健康安全（LQI3）构成，生态空间指数由生态环境（EQI1）、生态保护（EQI2）和环境治理（EQI3）体现。各二级指标进一步选用合适的三级指标来测度。

表 2-2 世界级生态岛三生空间指标体系构建

一级指标	二级指标	三级指标（单位）	指标性质
生产空间指数（PQI）	效益产出（PQI1）	人均 GDP（万元）	正向
		地均财政收入（万元/千米^2）	正向
		城镇人口人均可支配收入（万元）	正向
	绿色生产（PQI2）	第三产业增加值占 GDP 的比重（%）	正向
		每万人粮食产量（吨）	正向
		资源节约和生态环保投入占财政支出比例（%）	正向
	创新（PQI3）	科学技术支出占财政支出比例（%）	正向
		每万人专利申请数（个）	正向
生活空间指数（LQI）	居住环境（LQI1）	城镇人口人均住房建筑面积（米^2）	正向
		城镇人口人均公园绿地面积（千米^2）	正向
		千人拥有公路总长度（千米）	正向

续表

一级指标	二级指标	三级指标（单位）	指标性质
生活空间指数（LQI）	公共服务（LQI2）	千人拥有学校数（个）	正向
		千人拥有教师数（个）	正向
		千人拥有医疗卫生机构床位数（个）	正向
	健康安全（LQI3）	人均期望寿命（岁）	正向
		每千人交通事故死亡人数（人）	反向
生态空间指数（EQI）	生态环境（EQI1）	水环境质量考核断面达标率（%）	正向
		农药使用强度（千克/公顷①）	反向
		空气质量指数（AQI）达到优良天数比例（%）	正向
		森林覆盖率（%）	正向
	生态保护（EQI2）	拥有自然保护区的等级（国家级和省级）和数量	正向
	环境治理（EQI3）	城镇污水集中处理率（%）	正向
		城镇（乡）生活垃圾无公害化处理率（%）	正向

注：指标性质表示某项指标与世界级生态岛三生空间指数的关系，正向是指该项指标对世界级生态岛指标结果是正向促进的，指标值越大越好，反向指标反之

生产空间优化的要点是测度生产过程中生产投入和产出水平，经济发展的可持续性也是生产空间优化的重点内容之一[11]。此外，高质量、可持续的现代化发展必须依靠创新，坚持创新驱动发展，塑造发展新优势。因此，生产空间指数的二级指标包括效益产出、绿色生产和创新三个角度。在选用三级指标方面，首先，效益产出旨在反映岛屿的整体经济发展水平和经济实力，选用人均GDP、地均财政收入和城镇人口人均可支配收入3个三级指标来测算。其次，绿色生产旨在反映当地岛屿在生产经营过程中以节能促生产的能力，包括第三产业增加值占GDP的比重、每万人粮食产量及资源节约和生态环保投入占财政支出比例3个三级指标。最后，创新也是生产空间指数的重要二级指标，用来反映岛屿在创新技术上的表现，选择的三级指标为科学技术支出占财政支出比例和每万人专利申请数。

世界级生态岛的优化目标之一是要促进"生活空间宜居适度"。世界卫生组织（World Health Organization，WHO）在1961年也提出宜居生活空间质量的基

---

① 1公顷=10 000平方米。

本理念，即"舒适性"（amenity）、"便捷性"（convenience）、"安全性"（safety）、"健康性"（healthy）。此外，公共服务水平反映人民在当地得到基础设施保障的能力，提高公共服务水平对改善居民生活幸福感至关重要。因此本书认为生活空间内涵应涵盖居住环境、公共服务和健康安全3个子维度。从三级指标来看，首先，居住环境是居民赖以生存的空间，以城镇人口人均住房建筑面积、城镇人口人均公园绿地面积及千人拥有公路总长度进行测度，这3个三级指标分别代表着居民的居住空间和休闲空间的舒适性及交通空间的便捷性。只有当对与人民生活息息相关的这三大空间的需求得到极大地满足，居民对居住环境的满意度才会提高。其次，教育水平和医疗水平是反映公共服务水平的重要内容，因此三级指标选取千人拥有学校数、教师数及医疗机构床位数。最后，健康安全与人们的生老病死息息相关，旨在反映岛屿居民生活的安全感，测度的三级指标为人均期望寿命和每千人交通事故死亡人数。

生态环境中的森林、水体、土壤以及呼吸的空气是人类生存和发展的基础[12]。保护动物和植物的延续发展是人类文明得以发展的重要条件。此外，减少生产和生活污染带来的负面影响是保护生态环境的重要举措。因此，生态空间指数的二级指标包括生态环境、生态保护和环境治理。从三级指标来看，首先，生态环境旨在反映岛屿的整体生态环境资源和水平，其三级指标选用水环境质量考核断面达标率、农药使用强度、空气质量指数（AQI）达到优良天数比例、森林覆盖率来分别反映岛屿水环境质量、土壤质量、大气质量及植被资源和绿化水平。其次，生态保护旨在反映岛屿对珍稀物种及栖息地、古树名木、自然遗迹等的保护情况，因此由岛屿所拥有自然保护区的等级（国家级和省级）和数量进行测度。此外，环境治理旨在反映岛屿对环境的管理水平和整治情况，三级指标选用城镇污水集中处理率及城镇（乡）生活垃圾无公害化处理率分别来反映岛屿的污水处理水平和垃圾处理水平，以反映岛屿对生产生活垃圾处理水平的可持续性。

2.3 世界级生态岛三生空间指标测度方法

从相关文献来看，测度三生空间较为常用的方法是加权求和指数法、熵权法、因子分析法和层次分析法。加权求和指数法是把问题分解为多个指标，可以综合观察某个指标或多个指标变动对问题的影响程度和影响方向，进而评价其优劣，如刘鹏飞和孙斌栋的研究[1]。熵权法可以克服多个指标变量之间的信息重叠，从而客观反映指标之间的内部变化，如 Wang 等的研究[13]。李涛等选用了因子分析法，利用降维思想，将多指标转换为少数指标[14]。因子分析法通过计算相关系数矩阵，得到特征根，进而解释主成分的物理意义。程婷等则是选用了层次分析法对武汉市的三生空间进行评价[15]。层次分析法是根据资料收集情况和资源特点划分评价单元，然后进行单元分值计算。该方法能够把抽象的目标分解成层级和相对独立的单元组成的结构系统，能够反映目标问题的层次性和结构性，能够处理多种类型的信息和数据。不同评价方法在处理分析问题上各有利弊，评价者应根据评价目的选择适宜的方法。由于本书注重多个指标的变动情况，最终采用加权求和指数法，并通过等权重的方式确定各指标权重。

需要强调的是，本书测度各岛屿世界级生态岛三生空间指数时包含两种方式，即绝对结果和相对结果。具体来说，一是测度岛屿本身情况，基于各岛屿本身的数据测度其世界级生态岛三生空间指数结果，旨在关注各个岛屿在当地管理和发展模式之下的建设效果。二是测度岛屿与其所在地级市的比值，基于各岛屿数据与其所在地级市数据的比值测度其世界级生态岛三生空间指数，旨在关注岛屿所在地级市对于内部岛屿的资源倾斜程度、政策关注程度及建设发展重视程度。

2.3.1　三级指标：最大最小值标准化

1. 岛屿本身状况的绝对值计算

将所有三级指标数据 X_{ij} 都进行最大最小值标准化处理得到 X_{ij}^*。

正向指标：$X_{ij}^* = (X_{ij} - X_j\min) / (X_j\max - X_j\min)$

反向指标：$X_{ij}^* = (X_{ij} - X_j\max) / (X_j\max - X_j\min)$

式中，X_{ij} 是第 j 年第 i 个岛屿该指标的原始数值，$X_j\max$、$X_j\min$ 分别是第 j 年该指标的最大值和最小值。

2. 岛屿与所在地级市比值计算

将所有三级指标数据 Z_{ij} 都进行最大最小值标准化处理得到 Z_{ij}^*。

$Z_{ij} = X_{ij} / Y_{ij}$

正向指标：$Z_{ij}^* = (Z_{ij} - Z_j\min) / (Z_j\max - Z_j\min)$

反向指标：$Z_{ij}^* = (Z_{ij} - Z_j\max) / (Z_j\max - Z_j\min)$

式中，X_{ij} 是第 j 年第 i 个岛屿该指标的原始数值，Z_{ij} 是第 j 年第 i 个岛屿该指标与所在地级市的原始比值，Y_{ij} 是第 j 年第 i 个岛屿所在地级市该指标的原始数值，$Z_j\max$、$Z_j\min$ 分别是第 j 年各岛屿该比值的最大值和最小值。

2.3.2 一级指标：最大值标准化

通过等权重法获得一级指标的得分。

$$PQI_{ij} = \frac{1}{3}(PQI1 + PQI2 + PQI3) = \frac{1}{3}\left(\frac{1}{5}\sum_{k=1}^{5}PQI1_k + \frac{1}{2}\sum_{k=1}^{2}PQI2_k + \frac{1}{3}\sum_{k=1}^{3}PQI3_k\right)$$

$$LQI_{ij} = \frac{1}{3}(LQI1 + LQI2 + LQI3) = \frac{1}{3}\left(\frac{1}{3}\sum_{k=1}^{3}LQI1_k + \frac{1}{3}\sum_{k=1}^{3}LQI2_k + \frac{1}{2}\sum_{k=1}^{2}LQI3_k\right)$$

$$EQI_{ij} = \frac{1}{3}(EQI1 + EQI2 + EQI3) = \frac{1}{3}\left(\frac{1}{2}\sum_{k=1}^{2}EQI1_k + \frac{1}{4}\sum_{k=1}^{4}EQI2_k + \frac{1}{3}\sum_{k=1}^{3}EQI3_k\right)$$

为避免一级指标数量级的差异，对三个一级指标进行最大值标准化处理。

$$PQI_{ij}^* = PQI_{ij} / PQI_j\max$$

$$LQI_{ij}^* = LQI_{ij} / LQI_j\max$$

$$EQI_{ij}^* = EQI_{ij} / EQI_j\max$$

式中，PQI_{ij}、LQI_{ij}、EQI_{ij} 分别是第 j 年第 i 个岛屿该指标的实际得分，$PQI_j\max$、$LQI_j\max$、$EQI_j\max$ 分别是第 j 年该指标得分的最大值，PQI_{ij}^*、LQI_{ij}^*、EQI_{ij}^* 分别是第 j 年第 i 个岛屿的标准化后得分。世界级生态岛三生空间指数（TQI）是生产空间指数（PQI）、生活空间指数（LQI）和生态空间指数（EQI）的函数，其评估计算方式如下：

$$TQI_{ij} = \frac{1}{3}\left(PQI_{ij}^* + LQI_{ij}^* + EQI_{ij}^*\right)$$

2.4 岛屿选取

本书选取了行政层级为区/县的岛屿，以避免行政层级差异而造成的资源分配差异和发展差异。本书最终选取了全国 12 个岛屿，由北到南分别为大连长海县、烟台长岛县、上海崇明区、舟山嵊泗县、舟山岱山县、舟山定海区、舟山普陀区、台州玉环市、温州洞头区、福州平潭县、漳州东山县、汕头南澳县。各岛屿区位如图 2-1 所示。

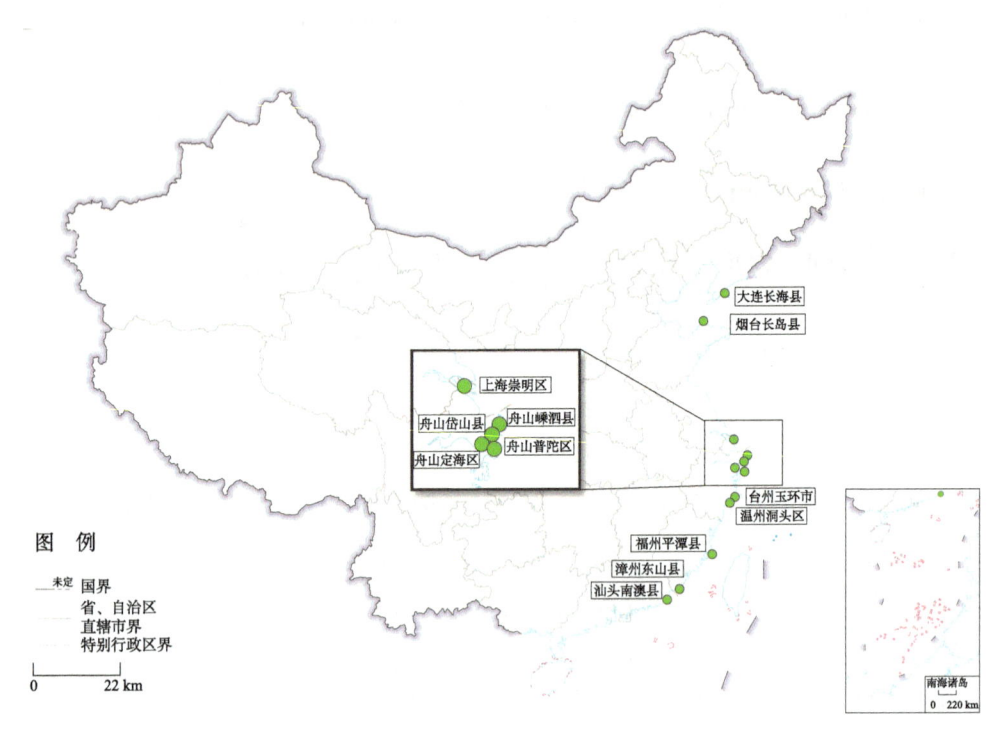

图 2-1　12 个岛屿区位示意图

表 2-3 呈现了 12 个岛屿的城镇化水平、美誉和基础评价，以了解各岛屿基本情况，与我们最终的研究结果进行对比。舟山定海区、福州平潭县及汕头南澳县的城镇化率较高，均高于 70%。上海崇明区和舟山定海区整体实力较强，台州玉环市和福州平潭县在经济发展上表现较好，大连长海县、舟山普陀区及舟山岱山县的生活环境较好，舟山嵊泗县、温州洞头区、漳州东山县、汕头南澳县及烟台长岛县的生态风光突出。

表 2-3　截至 2021 年底 12 个岛屿概况

岛屿	城镇化率 /%	美誉 / 称号	基础评价
大连长海县	69.7	入选 2018 年全国幸福百县榜	幸福度高，生活水平突出
烟台长岛县	53.6	2019 中国最美县域，第三批"绿水青山就是金山银山"实践创新基地	具有自然风光优势，生态环境突出

续表

岛屿	城镇化率/%	美誉/称号	基础评价
上海崇明区	47.9	我国第三大岛，入选2021年中国最美县域榜单，2022年获国家生态文明督查激励	综合实力较强
舟山嵊泗县	65.6	全国唯一的国家级列岛风景名胜区，素有"海上仙山"的美誉	具有自然风光优势，生态环境突出
舟山岱山县	69.0	入选2021年义务教育优质均衡先行创建县（市、区、旗）名单，2021年度浙江省新时代美丽乡村示范县名单	公共服务突出，生活水平较高
舟山定海区	72.9	2021年度全国综合实力百强区	整体实力较好
舟山普陀区	69.9	2021中国最具幸福感城区，入选2020年中国县域人口流入百强榜	幸福度高，生活水平突出
台州玉环市	51.3	2021中国智慧城市百佳县市	经济发展强，生产水平突出
温州洞头区	54.3	2018年第二批"绿水青山就是金山银山"实践创新基地	具有自然风光优势，生态环境突出
福州平潭县	73.0	2021年中国投资潜力百强县	经济发展潜力大，生产水平突出
漳州东山县	59.1	中国优秀旅游县	具有自然风光优势，生态环境突出
汕头南澳县	77.2	全国生态示范区、中国最美丽海岸线、全国绿化模范县	具有自然风光优势，生态环境突出

2.5 数据来源

本书选用的统计数据来自于2018～2020年各岛屿（区、县）及其所在地级市的年度统计公报、年度统计年鉴、生态环境状况公报，以及《中国县城建设统计年鉴》《中国城市统计年鉴》《中国城市建设统计年鉴》等相关数据。生态保护的测度指标即拥有自然保护区的等级（国家级和省级）和数量，由全国自然保护区名录（http://www.zrbhq.com.cn）获得。具体来说，大连长海县的自然保护区有大连长海海洋珍贵生物省级自然保护区，上海崇明区的自然保护区有上海崇明东滩鸟类国家级自然保护区及上海长江口中华鲟自然保护区（省级），舟山定海区的自然保护区有五峙山列岛鸟类省级自然保护区，福州平潭县的自然保护区有三十六脚湖省级自然保护区，漳州东山县的自然保护区有东山珊瑚省级自然保护区，汕头南澳县的自然保护区有广东南澎列岛国家级自然保护区以及南澳候鸟省级自然保护区，烟台长岛县的自然保护区有山东长岛国家级自然保护区和庙岛群岛海豹省级自然保护区。除去岛屿本身包含的保护区，一些岛屿所在地级市还包括其他保护区。其中，大连市的自然保护区还包括大连城山头海滨地貌国家级自然保护区以及辽宁蛇岛老铁山国家级自然保护区，上海市的自然保护区还包括上海九段沙湿地自然保护区（国家级）及上海市金山三岛海洋生态自然保护区（省级），温州市的自然保护区还包括乌岩岭国家级自然保护区、南麂列岛国家海洋自然保护区等，福州市的自然保护区有福建雄江黄楮林国家级自然保护区和藤山自然保护区（省级），烟台市的自然保护区还有山东昆嵛山国家级自然保护区。

本章参考文献

[1] 刘鹏飞，孙斌栋.中国城市生产、生活、生态空间质量水平格局与相关因素分析[J].地理研究，2020，39（1）：13-24.

[2] 张春花，曲玮，石水莲，等.基于"三生"空间视角的辽宁沿海经济带岸线利用适宜性评价——以大连庄河沿海为例[J].海洋开发与管理，2016，33（5）：20-23，31.

[3] 李秋颖，方创琳，王少剑.中国省级国土空间利用质量评价：基于"三生"空间视角[J].地域研究与开发，2016，35（5）：163-169.

[4] 王成，唐宁.重庆市乡村三生空间功能耦合协调的时空特征与格局演化[J].地理研究，2018，37（6）：1100-1114.

[5] 于婧，陈艳红，唐业喜，等.基于国土空间适宜性的长江经济带"三生空间"格局优化研究[J].华中师范大学学报（自然科学版），2020，54（4）：632-639.

[6] 丰爱平，张志卫，赵锦霞.海岛生态指数和发展指数报告（2018）[M].北京：海洋出版社，2020.

[7] 柯丽娜，王权明，宫国伟.海岛可持续发展理论及其评价研究[J].资源科学，2011，33（7）：1304-1309.

[8] Gao S, Sun H, Zhao L, et al. Dynamic assessment of island ecological environment sustainability under urbanization based on rough set, synthetic index and catastrophe progression analysis theories[J]. Ocean & Coastal Management, 2019, 178: 104790.

[9] Shi C, Hutchinson S, Xu S. Evaluation of coastal zone sustainability: an integrated approach applied in Shanghai Municipality and Chong Ming Island[J]. Journal of Environmental Management, 2004, 71（4）: 335-344.

[10] 仲崇峻，刘大海，邢文秀，等.海洋生态岛建设评价方法研究与应用——以崇明岛为例[J].海洋环境科学，2015，34（2）：294-299.

[11] Lin G, Jiang D, Fu J, et al. A Review on the overall optimization of production–living–

ecological space：theoretical basis and conceptual framework[J].Land，2022，11：345.
［12］喻锋，李晓波，张丽君，等．中国生态用地研究：内涵、分类与时空格局［J］．生态学报，2015，35（14）：2-15.
［13］Wang D，Jiang D，Fu J，et al. Comprehensive assessment of production–living–ecological space based on the coupling coordination degree model[J]. Sustainability，2020，12：2009.
［14］李涛，刘家明，刘锐，等．基于"生产—生活—生态"适宜性的休闲农业旅游开发［J］．经济地理，2016，36（12）：169-176.
［15］程婷，赵荣，梁勇．国土"三生空间"分类及其功能评价［J］.遥感信息，2018，33（2）：114-121.

第三章

世界级生态岛三生空间指数结果

崔璨[1,2]，张叶玲[1,2]
（1.崇明生态研究院；2.华东师范大学城市与区域科学学院）

3.1 各岛屿三生空间指数结果

3.1.1 三生空间指数综合结果

将生产、生活和生态空间指数最大值标准化后取均值得到2018～2020年各岛屿世界级生态岛三生空间指数结果，统计特征如表3-1所示。三生空间指数的平均值分别为0.6636、0.6816和0.6877，整体水平良好。可见，2018～2020年，12个岛屿世界级生态岛三生空间指数的平均值逐步提高，这说明整体上我国岛屿三生空间质量水平正处于稳步提升阶段。但与此同时，2018～2020年各岛屿世界级生态岛三生空间指数的极差逐渐变大，意味着世界级生态岛三生空间指数在个体岛屿之间的差距逐渐拉开，这说明在三生空间质量水平提升过程中，不同岛屿的提升速度不同。

第三章　世界级生态岛三生空间指数结果

表 3-1　世界级生态岛三生空间指数的统计特征

年份	平均值	中位数	标准差	最小值	最大值	极差
2018	0.6636	0.6426	0.0828	0.5703	0.8484	0.2782
2019	0.6816	0.6661	0.0898	0.5569	0.8780	0.3211
2020	0.6877	0.6582	0.1024	0.5159	0.9070	0.3912

12个岛屿在2018～2020年世界级生态岛三生空间指数得分如图3-1所示。2018～2020年的最高分均为上海崇明区，得分分别为0.8484、0.8780、0.9070，得分逐年升高。2018～2020年的最低分均为舟山岱山县，得分分别为0.5703、0.5569、0.5159，得分逐年下降。此外，大连长海县、舟山嵊泗县、舟山定海区、汕头南澳县的得分也逐年升高，至2020年分别上升至0.6312、0.6619、0.8022、0.6545。

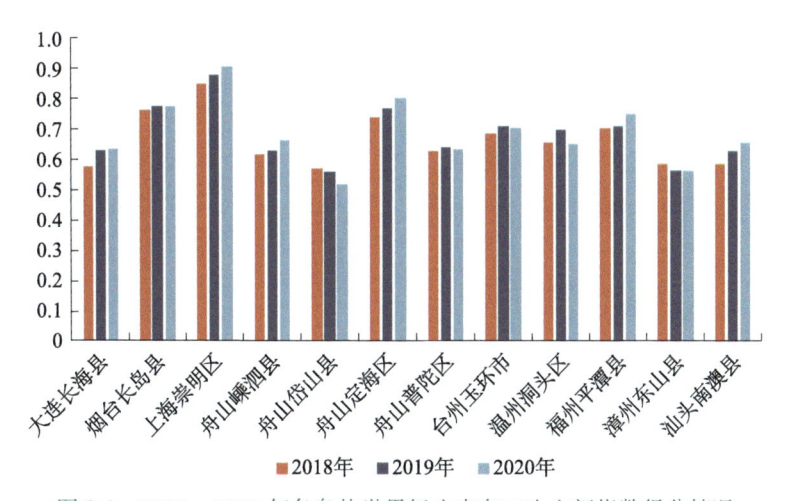

图 3-1　2018～2020 年各岛屿世界级生态岛三生空间指数得分情况

根据每年各岛屿三生空间指数得分对其三生空间指数得分由高到低进行排名。如图3-2所示，岛屿整体排名情况在2018～2020年间略有变动。上海崇明岛稳居第1名，烟台长岛县、舟山定海区分别位列第2～3名，2020年，舟山定海区得分超过烟台长岛县，排名升至第二。福州平潭县和台州玉环市在第4～5名变动。舟山嵊泗县由2018年第8名下降至2019年第9名，再上升至2020年第6名。温州洞头区由2018年和2019年的第6名下降至第8名。汕头南澳县从2018年的第10名上升至2019年第8名，2020年继续上升至第7名。大连长海县2018年位于第11名，2019年和2020均位列第10名。漳州东山县2018年位于第9名，2019年和

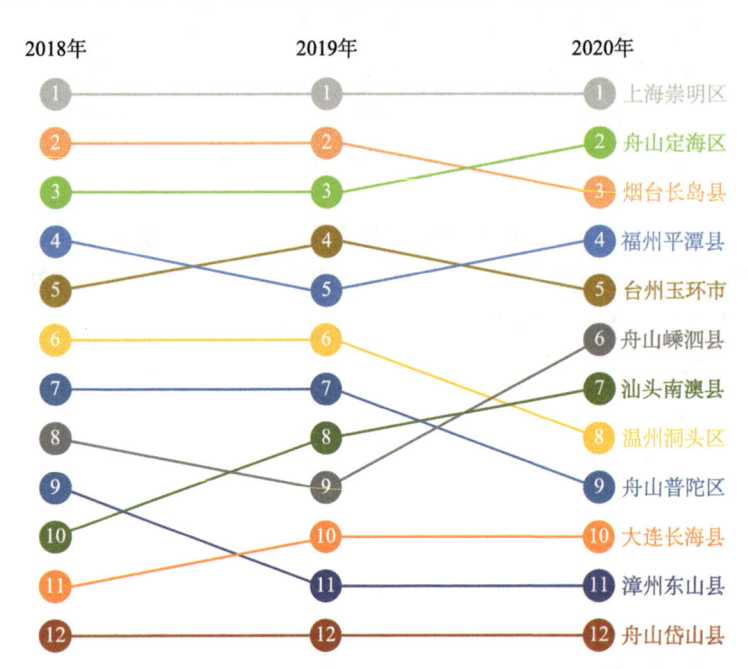

2020 年均位列第 11 名。舟山岱山县的综合得分三年均位列最后一名。

2018年	2019年	2020年
1	1	1 上海崇明区
2	2	2 舟山定海区
3	3	3 烟台长岛县
4	4	4 福州平潭县
5	5	5 台州玉环市
6	6	6 舟山嵊泗县
7	7	7 汕头南澳县
8	8	8 温州洞头区
9	9	9 舟山普陀区
10	10	10 大连长海县
11	11	11 漳州东山县
12	12	12 舟山岱山县

图 3-2　2018～2020 年各岛屿世界级生态岛三生空间指数总得分排名情况

3.1.2　生产空间指数结果

1. 生产空间指数总得分及排名变化

2018～2020 年世界级生态岛生产空间指数的统计特征如表 3-2 所示，平均值分别为 0.3517、0.3300 和 0.3548，整体水平不高。生产空间指数在个体岛屿之间的差距显著，2018 年最高得分是最低得分的约 7 倍；各岛屿在 2019 年的差距相较于 2018 年略有缩小，最高得分是最低得分的约 5 倍；2020 年的最高得分和最低得分之间的差距进一步缩小，最高得分仅为最低得分的不到 4 倍。由此可见，各岛屿生产空间指数整体水平从 2018 年至 2020 年先下降后上升，但岛屿间的差异逐渐缩小。从得分来看，图 3-3 显示出岛屿间生产空间指数的巨大差异。从具体岛屿来说，大连长海县、汕头南澳县三年的生产空间指数得分均低于 0.2，但两者的区别在于汕头南澳县的得分逐年提高，而大连长海县的得分先下降后略有回升。台州玉环市的优势显著，2018 年得分逼近 0.7，但连年下降，2020 年得分仅为 0.5146。上海崇明区的得分逐年升高，由 2018 年的 0.4864 上升至 2020 年的

0.6151。此外，福州平潭县、舟山定海区、舟山普陀区、舟山岱山县、舟山嵊泗县、大连长海县以及漳州东山县在生产空间上的得分呈现出先降低后提高的变化模式，温州洞头区、舟山嵊泗县以及烟台长岛县的得分变化不大。

表 3-2 2018～2020 年世界级生态岛生产空间指数的统计特征

年份	平均值	中位数	标准差	最小值	最大值	极差
2018	0.3517	0.3189	0.1534	0.0990	0.6944	0.5953
2019	0.3300	0.3089	0.1544	0.1275	0.6644	0.5369
2020	0.3548	0.3372	0.1414	0.1646	0.6151	0.4505

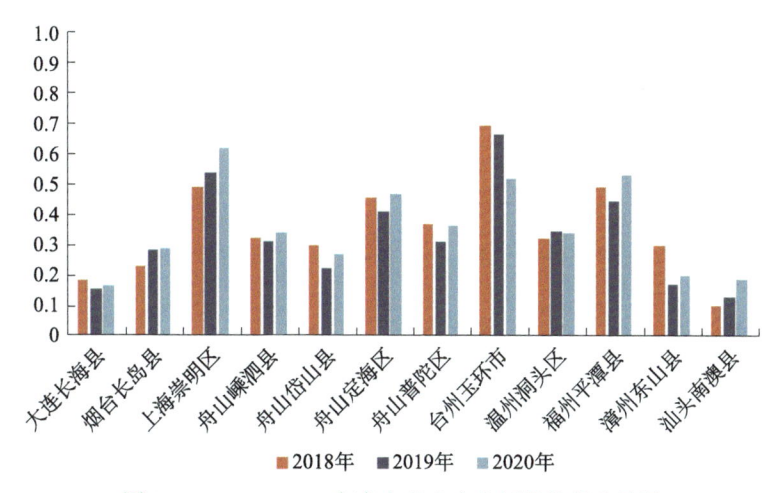

图 3-3 2018～2020 年各岛屿生产空间指数得分情况

根据各岛屿本身在生产空间指数的得分由高至低进行排序得到 2018～2020 三年间排名情况。如图 3-4 所示，2018～2020 年，岛屿间排名变化不大。上海崇明区排名连续三年提高，从 2018 年的第 3 名攀升至 2020 年的第 1 名。此外，福州平潭县和台州玉环市本身的生产情况优势突出，连续三年位列所有岛屿前三。其中，台州玉环市在 2018 年和 2019 年均位列第 1 名，在 2020 年下降至第 3 名；福州平潭县在 2018 年和 2020 年位列第 2 名，在 2019 年的排名略有下降，位列所有岛屿第 3 名。舟山定海区紧随其后，连续三年位列第 4 名。舟山普陀区、温州洞头区以及舟山嵊泗县竞争激烈，在 2020 年分别处于第 5～7 名。烟台长岛县、舟山岱山县及漳州东山县三个岛屿则在第 8～10 名间徘徊。汕头南澳县及大连长海县的生产空间指数得分较低，位列所有岛屿最后两名。2020 年，汕头南澳县得分超过大连长海县，位列所有岛屿第 11 名。

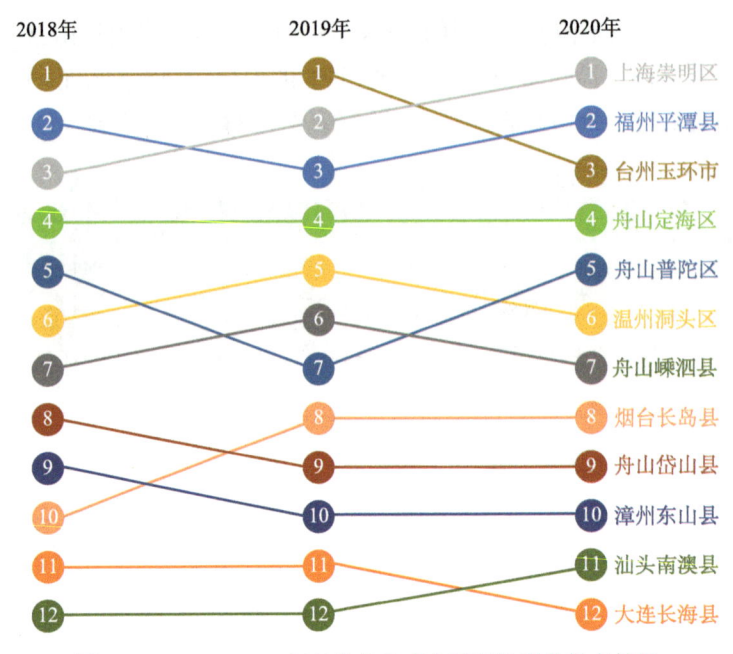

崇明世界级生态岛绿皮书 2022

	2018年	2019年	2020年	
	1	1	1	上海崇明区
	2	2	2	福州平潭县
	3	3	3	台州玉环市
	4	4	4	舟山定海区
	5	5	5	舟山普陀区
	6	6	6	温州洞头区
	7	7	7	舟山嵊泗县
	8	8	8	烟台长岛县
	9	9	9	舟山岱山县
	10	10	10	漳州东山县
	11	11	11	汕头南澳县
	12	12	12	大连长海县

图 3-4　2018～2020 年各岛屿生产空间指数得分排名情况

2. 生产空间指数二级指标得分

2018～2020 年各岛屿在效益产出、绿色生产及创新等指标的得分如图 3-5 所示。2018 年，尽管台州玉环市生产空间指数得分较高，在效益产出和创新方面得分较高，但在绿色生产方面仍存在一定的进步空间。相反，上海崇明区在绿色生产上独占鳌头，而在效益产出和创新上还有待提高。此外，福州平潭县也在创新方面表现突出。汕头南澳县生产空间指数得分较低，在 3 个二级指标上表现均较差，特别是在效益产出上排名末位，大连长海县、舟山岱山县、汕头南澳县在绿色生产方面得分较低，大连长海县和烟台长岛县则在创新方面得分较低。2019 年，各岛屿子指标的得分变化不大，台州玉环市依旧保持着在效益产出和创新的领先地位，上海崇明区也保持着在绿色生产方面的突出优势。此外，与 2018 年相比，在效益产出方面，舟山嵊泗县得分明显上升；在绿色生产方面，漳州东山县的得分明显下降，烟台长岛县得分明显上升；在创新方面，各岛屿得分变化不大，上海崇明区的得分略有提高。2020 年，各岛屿在创新上的得分变化明显，福州平潭县得分进一步提升至 0.8748，得分最高；上海崇明区得分进一步上升，仅低于福州平潭县；台州玉环市的优势显著降低，得分仅为 0.2294。

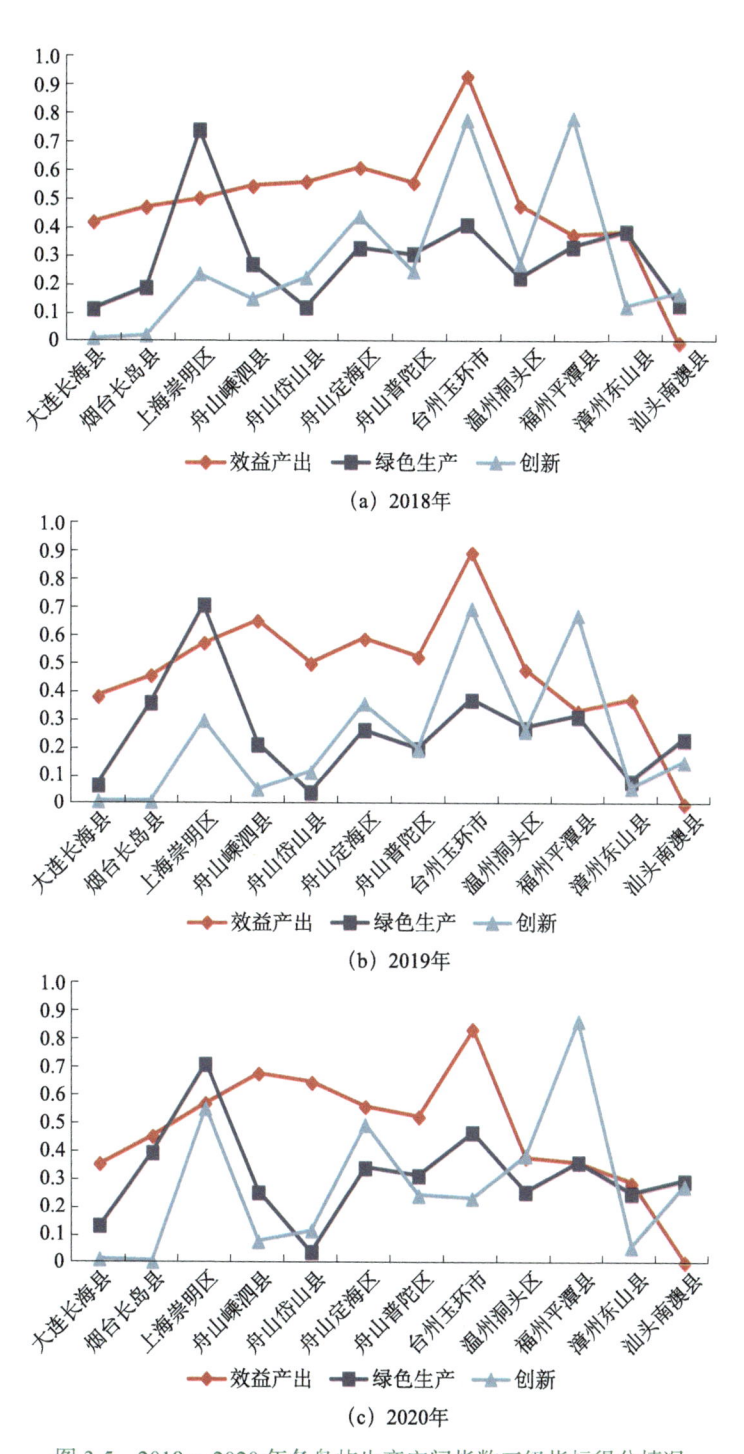

第三章 世界级生态岛三生空间指数结果

(a) 2018年

(b) 2019年

(c) 2020年

图 3-5 2018～2020 年各岛屿生产空间指数三级指标得分情况

3.1.3 生活空间指数结果

1. 生活空间指数得分及排名变化

2018~2020 年各岛屿世界级生态岛生活空间指数的统计特征如表 3-3 所示。2018~2020 年，12 个岛屿世界级生态岛生活空间指数的平均值逐步提高，分别为 0.4557、0.4705 和 0.4740，这说明整体上我国岛屿生活空间水平正处于提升阶段。与此同时，最大值由 2018 年的 0.6183 下降至 2020 年的 0.5937，最小值由 2018 年的 0.2927 上升至 2020 年的 0.3827，极差由 2018 年的 0.3257 下降至 2020 年的 0.2110。这说明在整体水平提升的同时，个体岛屿在生活空间方面的相对差距正逐渐缩小。具体来看（图 3-6），各岛屿世界级生态岛生活空间指数得分的差异不大，整体在 0.29~0.62 之间浮动。大连长海县、舟山普陀区、舟山岱山县、温州洞头区以及汕头南澳县 2018~2020 年的生活空间指数得分有较为明显的先上升后下降态势，在 2019 年分别取得最大值 0.5325、0.4542、0.4229、0.5832、0.4049。烟台长岛县的生活空间指数得分先下降后上升，2018 年获得最高得分 0.6183。舟山定海区、舟山嵊泗县和台州玉环市的生活空间指数得分逐年上升，分别由 2018 年的 0.4830、0.4800 和 0.2927 上升至 2020 年的 0.5476、0.5695 和 0.4119。上海崇明区的得分则逐年下降，得分由 2018 年的 0.5620 下降至 2020 年的 0.5129。

表 3-3 2018~2020 年世界级生态岛生活空间指数的统计特征

年份	平均值	中位数	标准差	最小值	最大值	极差
2018	0.4557	0.4509	0.0898	0.2927	0.6183	0.3257
2019	0.4705	0.4696	0.0723	0.3338	0.5832	0.2493
2020	0.4740	0.4707	0.0724	0.3827	0.5937	0.2110

根据各岛屿在生活空间指数的得分由高至低进行排序得到 2018~2020 三年间排名情况。如图 3-7 所示，12 个岛屿连续三年在排名上的变化较大。特别是排名前列的岛屿竞争较为激烈。首先，烟台长岛县是生活空间指数得分最高的岛屿，于 2018 年和 2020 年均获得第 1 名，2019 年排名略微下降，排名第 2。温州洞头区的生活空间指数也较为突出，2018 年位列第 2 名，2019 年攀升至首位，2020 年下降至第 4 名。此外，舟山嵊泗县、舟山定海区、上海崇明区、大连长海县也常居生活空间指数前 6 名的队列中。上海崇明区的排名连续三年下降，由 2018 年的第 3 名下降至 2020 年的第 5 名。舟山嵊泗县和舟山定海区则在 2020 年

排名上升，分别位列第 2 和第 3 名。漳州东山县和舟山普陀区连续三年位列均第 7 或 8 名。其他岛屿在 2018 年和 2019 年的排名不变，在 2020 年发生了变化。台州玉环市由第 12 名上升至第 9 名，舟山岱山县、汕头南澳县和福州平潭县均下降 1 位，分别位列第 10～12 名。

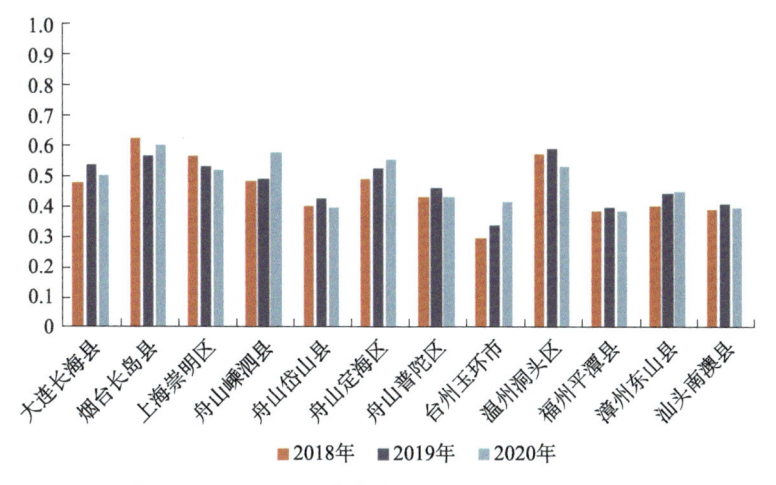

图 3-6　2018～2020 年各岛屿生活空间指数得分情况

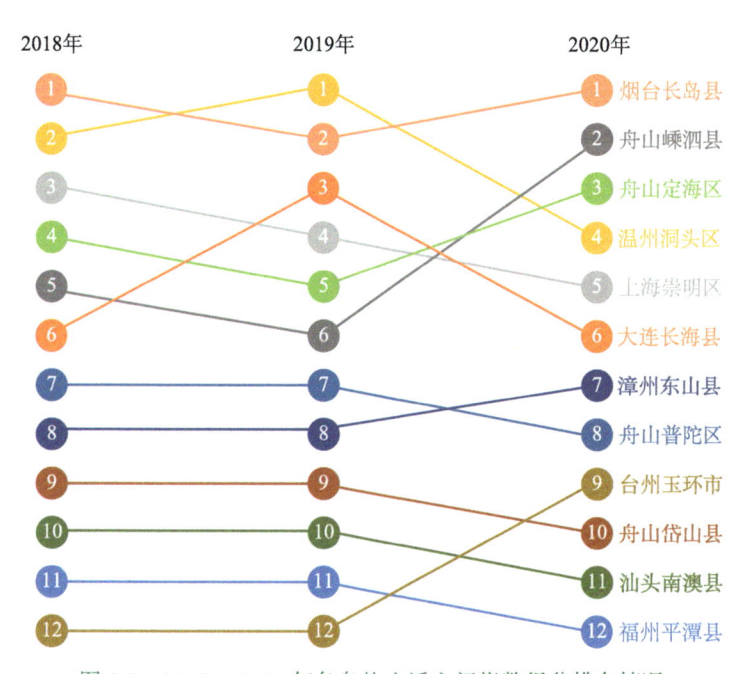

图 3-7　2018～2020 年各岛屿生活空间指数得分排名情况

2. 生活空间指数三级指标得分

2018~2020 年各岛屿居住环境、公共服务及健康安全等指标的得分如图 3-8 所示。2018 年，烟台长岛县在居住环境方面优势显著，上海崇明区及舟山嵊泗县紧随其后，其他岛屿在此方面的差异相差不大；上海崇明区在公共服务上还存在较大劣势，大连长海县、舟山定海区及台州玉环市在公共服务方面得分较高；在健康安全方面，温州洞头区得分最高，上海崇明区和舟山普陀区紧随其后，除台州玉环市有明显劣势外，其他岛屿得分均在 0.5 左右。2019 年，各岛屿三级指标得分整体变化不大，个别岛屿在个别三级指标上有些许变化。烟台长岛县依旧保持着在居住环境方面的优势，而上海崇明区在此方面的优势略有下降，温州洞头

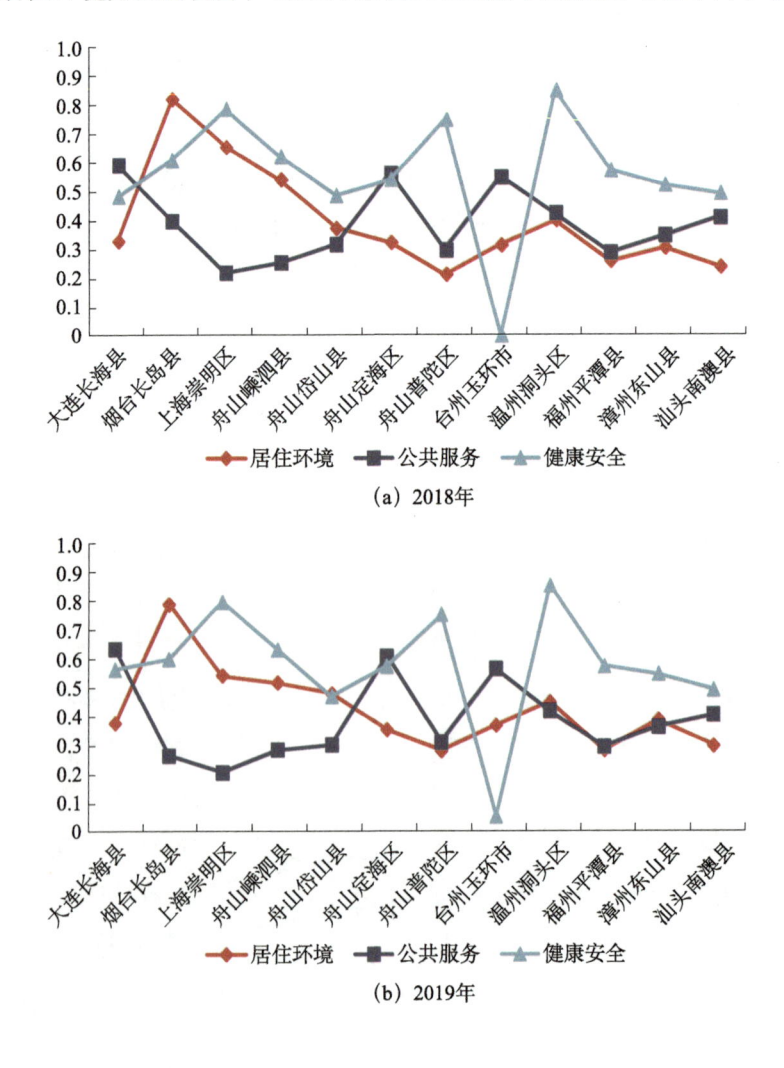

(a) 2018年

(b) 2019年

40

(c) 2020年

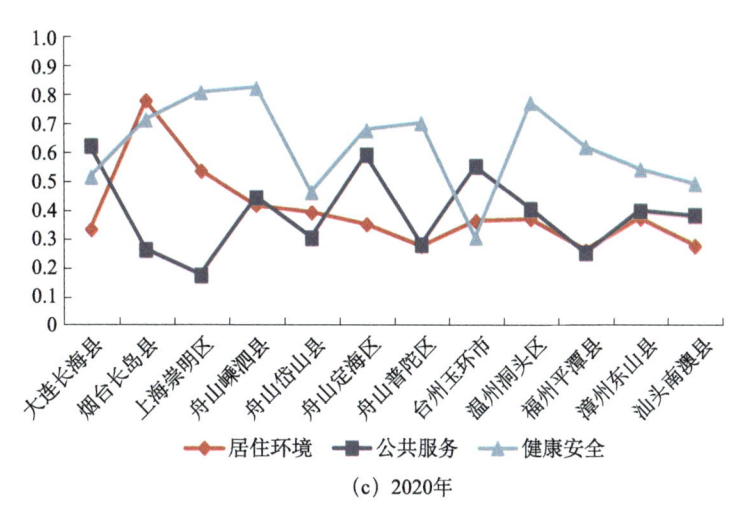

图 3-8 2018~2020 年各岛屿生活空间指数三级指标得分情况

区依旧在安全指数方面获得最高分。2020 年，相较于居住环境和公共服务，岛屿在健康安全上的整体水平有了较大提升。舟山嵊泗县安全环境得分明显上升，成为所有岛屿中的最高分，为 0.8354；尽管台州玉环市的得分依旧排名末位，但数值有所上升。此外，舟山嵊泗县在公共服务方面的提升也较为明显。

3.1.4 生态空间指数结果

1. 生态空间指数得分及排名变化

2018~2020 年各岛屿世界级生态岛生态空间指数的统计特征如表 3-4 所示。2018~2020 年 12 个岛屿世界级生态岛生态空间指数的平均值先上升后下降，分别为 0.6667、0.6703 和 0.6610；而各岛屿生态空间指数最大值逐渐提高，最小值逐渐变小，极差逐渐变大，由 2018 年的 0.3743 上升至 2020 年的 0.5205。这说明个体岛屿在生态空间的发展速度存在显著差异。具体来看（图 3-9），汕头南澳县连续三年生态空间指数得分排名第一且得分逐年提高，由 2018 年的 0.8920 上升至 2020 年的 0.9610。其他岛屿中仅有大连长海县生态空间指数得分逐年提高，2020 年得分为 0.7579。舟山嵊泗县、舟山岱山县、温州洞头区和漳州东山县的生态空间指数得分逐年显著下降，2020 年分别下降至 0.4624、0.4404、0.5090、0.6095。此外，上海崇明区、舟山普陀区和烟台长岛县的生态空间指数得分于 2020 年取得最低分，分别为 0.8236、0.5779 和 0.8289；舟山定海区生态空间指数得分于 2018

年取得最低分，为 0.6956；福州平潭县三年得分变化不大，均在 0.71 左右。

表 3-4　2018～2020 年世界级生态岛生态空间指数的统计特征

年份	平均值	中位数	标准差	最小值	最大值	极差
2018	0.6667	0.6272	0.1265	0.5177	0.8920	0.3743
2019	0.6703	0.6417	0.1341	0.5075	0.9042	0.3968
2020	0.6610	0.6534	0.1553	0.4405	0.9610	0.5205

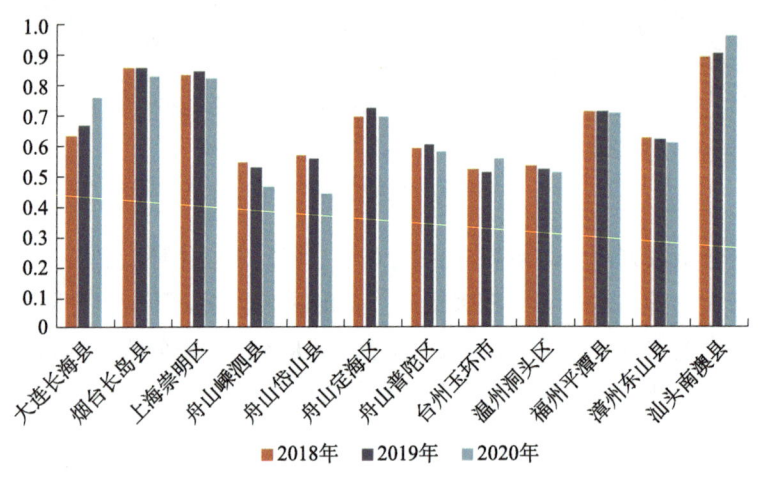

图 3-9　2018～2020 年各岛屿生态空间指数得分情况

根据各岛屿生态空间指数的得分由高至低进行排序得到 2018～2020 年排名情况。如图 3-10 所示，2018～2020 年岛屿间的排名变化并不大。汕头南澳县、烟台长岛县、上海崇明区分别稳居前三。大连长海县、福州平潭县和舟山定海区处于第二梯队，在第 4～6 名间变动。2020 年，大连长海县位列第 4 名，福州平潭县位列第 5 名，舟山定海区位列第 6 名。漳州东山县和舟山普陀区连续三年分别位居第 7 和第 8 名。生态空间指数排名的最后一梯队包括台州玉环市、温州洞头区、舟山嵊泗县和舟山岱山县这 4 个岛屿。这 4 个岛屿在 2018～2019 年排名无变化，次序为舟山岱山县、舟山嵊泗县、温州洞头区、台州玉环市。到 2020 年，排序为台州玉环市、温州洞头区、舟山嵊泗县和舟山岱山县。

2. 生态空间指数三级指标得分

2018～2020 年各岛屿生态环境、生态保护和环境治理等指标的得分如图 3-11 所示。鉴于生态保护区等级（国家级和省级）和数量的年度变化较小，各岛屿的

第三章 世界级生态岛三生空间指数结果

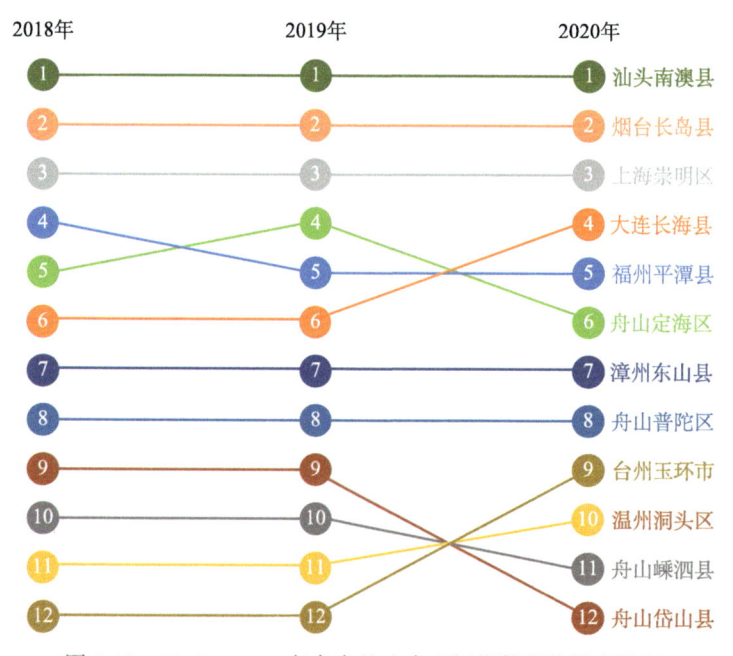

图 3-10 2018～2020 年各岛屿生态空间指数得分排名情况

生态保护得分在 2018～2020 年保持不变，烟台长岛县、上海崇明区及汕头南澳县得分最高。2018 年，相较于所在地级市，在所有岛屿中，汕头南澳县在生态环境方面的得分最高，为 0.9163。烟台长岛县、温州洞头区、台州玉环市和漳州东山县在此方面表现得分相对较低，不足 0.6。在环境治理方面，温州洞头区拔得头筹，烟台长岛县、福州平潭县和台州玉环市表现也相对优异，大连长海县劣势突出，得分最低，仅为 0.5。2019 年，在生态环境方面，汕头南澳县依旧表现优异，大连长海县和舟山定海区得分相较 2018 年提升明显，其他岛屿得分变化幅度不大；岛屿在环境治理方面得分变化也不大，大连长海县依旧得分最低。2020 年，在生态环境方面，大连长海县得分相较 2019 年有所下降，至 0.5583，台州玉环市得分显著提高；在环境治理方面，汕头南澳县得分提高，位列所有岛屿第一，大连长海县得分也显著提高，而舟山岱山县和舟山嵊泗县表现出了一定劣势。

3.1.5 岛屿生产、生活和生态空间协调分析

为避免不同维度数量级差异，本节利用最大值标准化后的生产、生活和生态空间指数及世界级生态岛三生空间指数分析每个岛屿三生空间发展的协调情况。

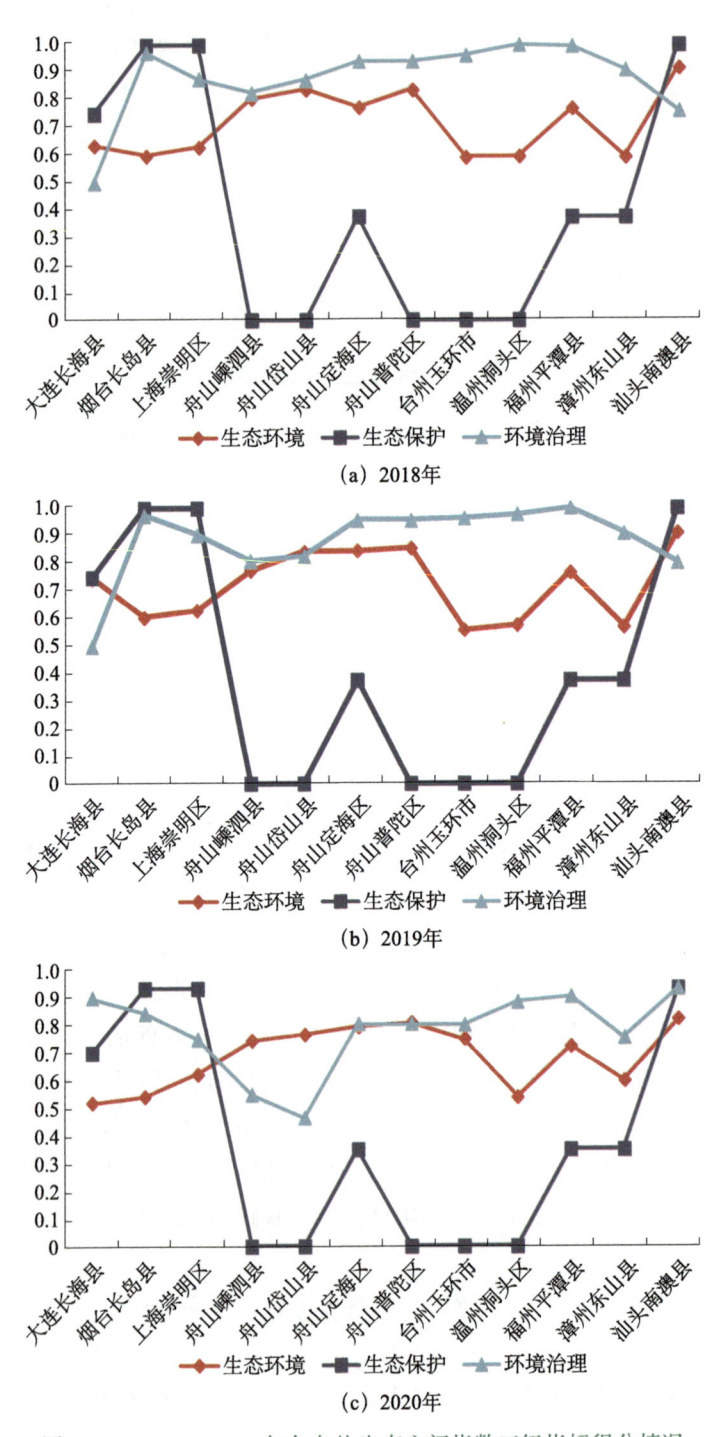

崇明世界级生态岛绿皮书 2022

(a) 2018年

(b) 2019年

(c) 2020年

图 3-11　2018～2020 年各岛屿生态空间指数三级指标得分情况

44

第三章 世界级生态岛三生空间指数结果

从一级指标来看，尽管各岛屿生活空间指数的平均值逐步提高，但生产和生态空间指数的平均值未同步提高。这说明，在生产和生态空间质量上，各岛屿并非齐头并进。

从具体岛屿来看（图3-12），2018年，烟台长岛县和汕头南澳县在三生空间上优劣明显，生产空间指数得分均极低，短板突出，而生态空间指数得分均较高，且烟台长岛县生活空间指数得分高于汕头南澳县。上海崇明区在生产空间方面优势突出，而生态空间指数得分较高但还有进步空间。台州玉环市在生产空间方面优势突出，在生活空间上略显不足。此外，大连长海县和温州洞头区在生产空间方面存在一定劣势，且前者的劣势更为突出。舟山市四个岛屿区县中定海区和普陀区在各空间表现相对较好，而岱山县和嵊泗县表现平平，在各空间均未体现出优势。

2019年，大连长海县、烟台长岛县、汕头南澳县、漳州东山县以及舟山岱山县在三生空间上短板明显，生产空间质量得分均极低，得分低于0.3。其中，汕头南澳县在生态空间质量上表现突出，烟台长岛县在生活和生态空间质量上均表现优异，大连长海县在生态空间质量上的表现也相对较好，漳州东山县和舟山岱山县在生活空间质量方面的表现略显逊色。台州玉环市在生产空间质量上显示出

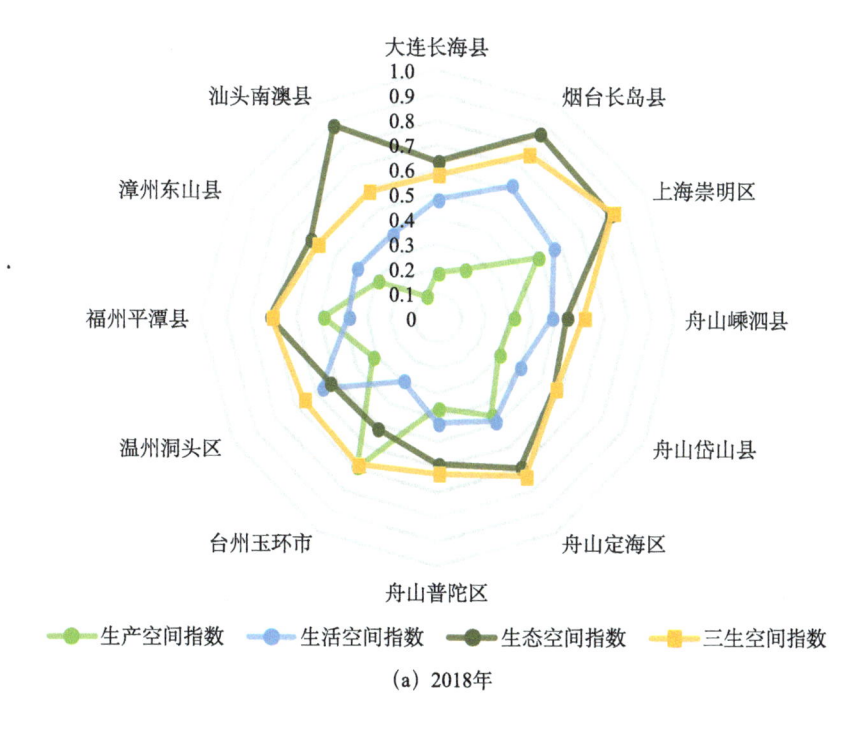

(a) 2018年

(b) 2019年

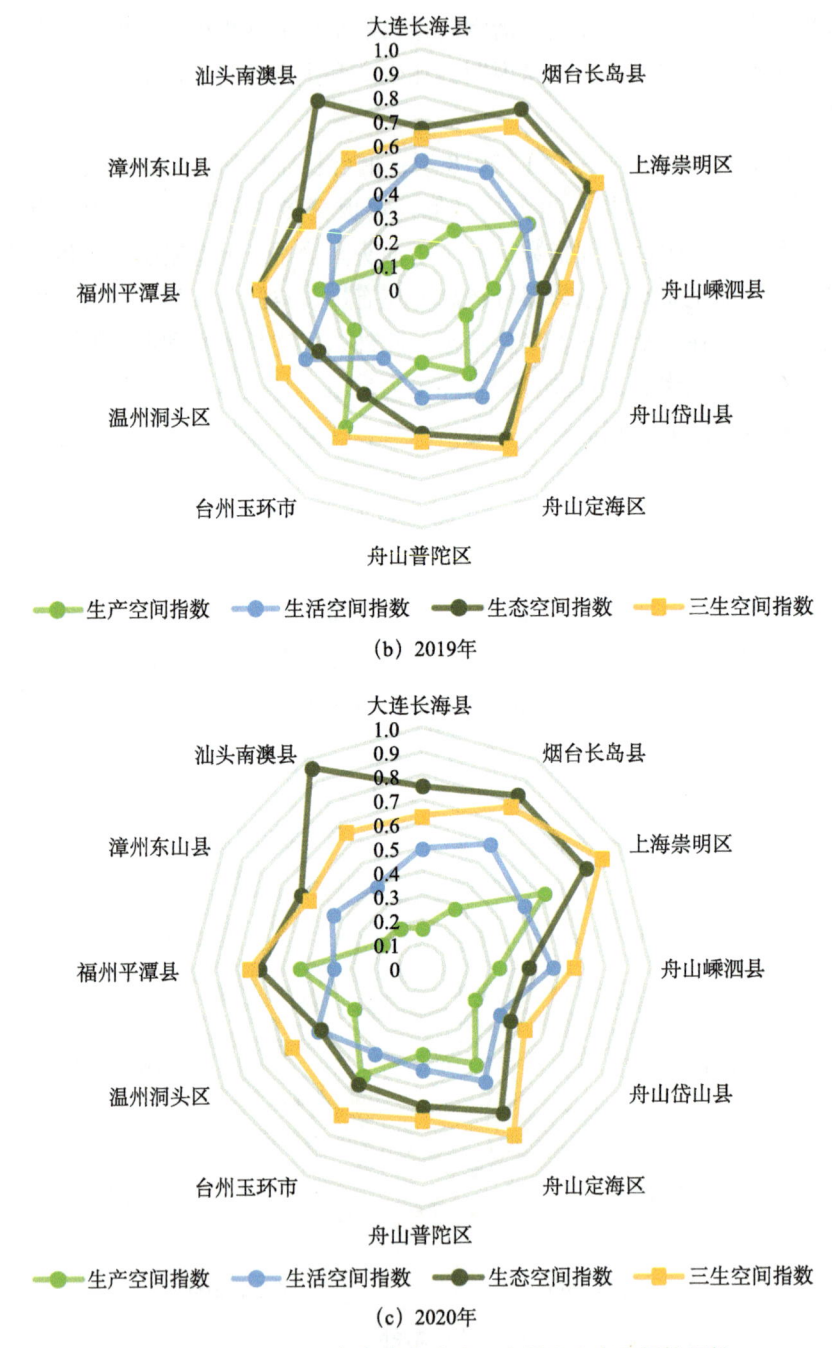

(c) 2020年

图 3-12 2018～2020年各岛屿生产、生活和生态空间协调性

突出能力，但在生活空间上略显不足。上海崇明区和福州平潭县在三生空间中的生态空间上表现突出优势，舟山普陀区和嵊泗县也逐渐显露出在生活空间质量上的实力，且在其他空间质量上均无明显劣势。

2020年，大连长海县、汕头南澳县、漳州东山县在三生空间上短板明显，在生产空间指数得分均极低。其中，大连长海县在生活空间质量上表现突出，汕头南澳县在生态空间质量上表现突出，而漳州东山县在生活和生态空间质量方面的表现则略显逊色。烟台长岛县在生活和生态空间质量上均表现优异，但在生产空间上略有不足。台州玉环市逐渐趋于三生协调，但在生产空间上的实力低于去年。舟山定海区也逐渐趋于三生协调，而舟山岱山县则在各空间都存在一定劣势。舟山普陀区和嵊泗县也逐渐显露出在生活空间质量上的实力，且在其他空间质量上均无明显劣势。上海崇明区依旧在生态空间上表现优异，三生空间进一步趋于协调。

3.2 各岛屿与其所在地级市比值

3.2.1 三生空间指数相对结果

将生产、生活和生态空间指数最大值标准化后取均值得到2018~2020年各岛屿世界级生态岛三生空间指数相对结果，统计特征如表3-5所示，12个岛屿的世界级生态岛三生空间指数相对结果的平均值分别为0.6374、0.6463和0.6565，中位数分别为0.5996、0.6091和0.6628。可见，即使从各岛屿与所在地级市比值方面来看，2018~2020年，各岛屿世界级生态岛三生空间指数相对结果的平均值和中位数均逐步提高。这表明整体上我国岛屿三生空间水平正处于稳步提升阶段。但从极差来看，岛屿间最大值和最小值间的差距已由2018年的0.3434扩大至2020年的0.4293，这表明个体岛屿在三生空间发展速度上仍存在较大差距。

表3-5 2018~2020年世界级生态岛三生空间指数得分相对结果的统计特征

年份	平均值	中位数	标准差	最小值	最大值	极差
2018	0.6374	0.5996	0.0971	0.5332	0.8765	0.3434
2019	0.6463	0.6091	0.1061	0.5438	0.9212	0.3774
2020	0.6565	0.6628	0.1219	0.4955	0.9248	0.4293

12个岛屿在2018～2020年世界级生态岛三生空间指数相对得分如图3-13所示。从各岛屿来看，大连长海县、舟山嵊泗县和漳州东山县的得分逐年显著提高，其中舟山定海区世界级生态岛三生空间结果连续三年的得分均为所有岛屿中最高分，分别为0.8765、0.9212、0.9248。舟山普陀区和岱山县的三生空间指数得分连年下降，其中舟山岱山县在2019年和2020年得分分别为0.5438和0.4955，均为所有岛屿中最低分。此外，温州洞头区、福州平潭县及汕头南澳县2018～2020年的得分先上升后下降，在2020年分别获得0.5338、0.7228和0.7259。烟台长岛县、上海崇明区2018～2020年的得分先下降后上升，在2020年分别获得0.6843和0.7130。相较于2019年，舟山嵊泗县和台州玉环市在2020年的得分上升明显，获得0.6860和0.7203。

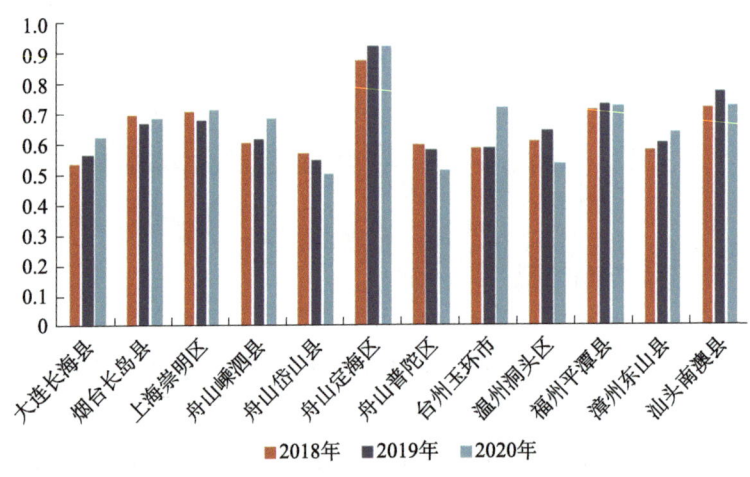

图3-13 2018～2020年各岛屿世界级生态岛三生空间指数相对得分情况

根据各岛屿与其所在地级市比值获得的三生空间指数相对得分由高至低进行排序得到2018～2020年排名情况。由图3-14可见，岛屿整体排名情况在2018～2020年间变动较大。舟山定海区保持着较高的综合得分，汕头南澳县和福州平潭县紧随其后。上海崇明区由2018年和2019年的第4名下降至2020年的第5名。大连长海县稳步上升，由2018年的第12名上升至2020年的第9名。在所有排名情况变动的岛屿中，排名上升最明显的是台州玉环市，由2018年和2019年的第9名上升至2020年的第4名，上升了5个名次；排名下降最明显的是温州洞头区，由2018年和2019年的第6名下降至2020年的第10名，下降了4个名次。此外，舟山普陀区连续三年排名下降，由2018年的第8名下降至2019年的第10名，2020年继续下降至第11名，舟山岱山县在2019年和2020

第三章　世界级生态岛三生空间指数结果

年均排在末位。

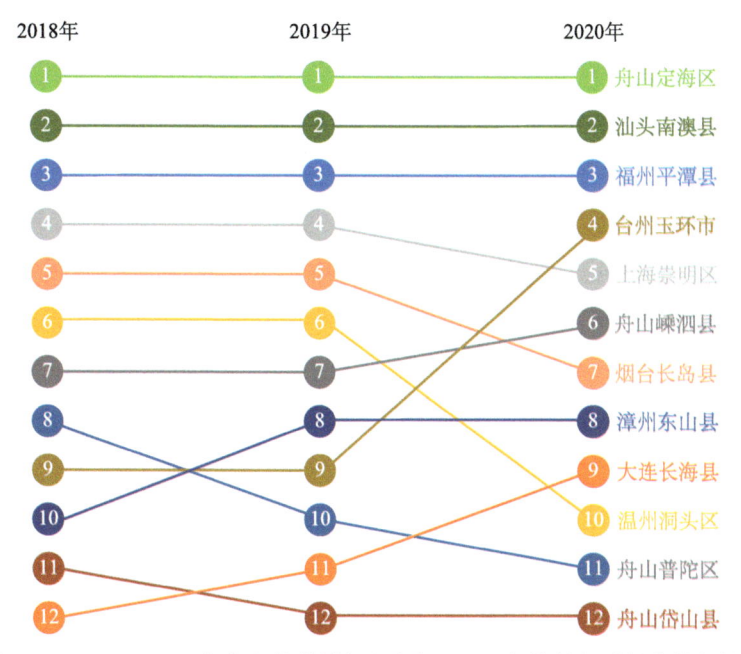

图 3-14　2018～2020 年各岛屿世界级生态岛三生空间指数相对得分排名情况

3.2.2　生产空间指数相对结果

1. 生产空间指数总得分及排名变化

各岛屿与其所在地级市比较下得到的 2018～2020 年世界级生态岛生产空间指数的统计特征如表 3-6 所示，12 个岛屿的生产空间指数三年的平均值分别为 0.3021、0.3086 和 0.3028，中位数分别为 0.2722、0.2935 和 0.2685。可见，从各岛屿与其所在地级市比较来看，2018～2020 年，岛屿生产空间指数的整体实力较低且提升不足。从极差来看，岛屿间最大值和最小值的差值在 2019 年最小，为 0.3305。生产空间指数在个体岛屿之间的差距显著，最高得分是最低得分的约 3 倍。从各岛屿绝对得分来看（图 3-15），具体来说，大连长海县和汕头南澳县在岛屿与其所在地级市相比之下在生产空间指数方面表现出明显劣势，2018 年和 2019 年得分均低于 0.2，而在 2020 年，大连长海县得分超过了 0.2，汕头南澳县仍低于 0.2。舟山定海区、台州玉环市及福州平潭县与其所在地级市相比之下在生产空间指数方面表现相对突出，但舟山定海区和福州平潭县 2018～2020 年的

49

得分基本呈现出下降的态势，在 2020 年得分分别为 0.4752 和 0.4481。此外，上海崇明区、舟山岱山县、舟山嵊泗县、温州洞头区的生产空间指数相对得分也不容乐观，2020 年的得分分别为 0.2320、0.2346、0.2800 和 0.2570。

表 3-6 世界级生态岛生产空间指数相对得分的统计特征

年份	平均值	中位数	标准差	最小值	最大值	极差
2018	0.3021	0.2722	0.1260	0.1065	0.5401	0.4336
2019	0.3086	0.2935	0.1127	0.1654	0.4959	0.3305
2020	0.3028	0.2685	0.1077	0.1624	0.4936	0.3312

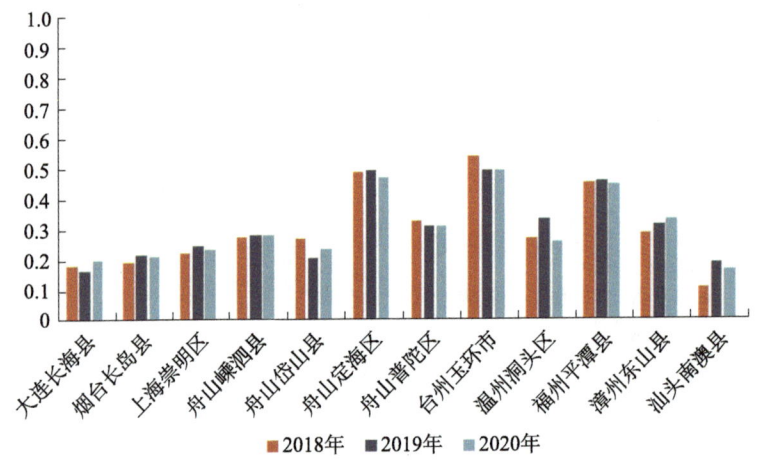

图 3-15 2018～2020 年各岛屿生产空间指数相对得分情况

根据各岛屿与其所在地级市比值获得的生产空间指数相对得分由高至低进行排序得到 2018～2020 三年间排名情况。如图 3-16 所示，台州玉环市和舟山定海区优势明显，常年位居前二。2020 年，台州玉环市更胜一筹，位列第 1 名。福州平潭县排名稳定，连续三年位列第 3 名。排名变化最明显的是温州洞头区和舟山岱山县。温州洞头区在 2018 年位列所有岛屿第 8 名，2019 年升至第 4 名，2020 年回落至第 7 名；舟山岱山县 2018 年位列所有岛屿第 7 名，2019 年下降至第 10 名，2020 年又上升至第 8 名。其他岛屿在排名上略有变化，名次基本均在 1～2 名上下浮动。漳州东山县、舟山普陀区、舟山嵊泗县以及大连长海县的排名自 2019 到 2020 年均略有上升，在 2020 年分别位列第 4、5、6、11 名。上海崇明区、烟台长岛县以及汕头南澳县的排名在 2019 年略有上升，2020 年后降至同 2018 年相同的位次，分别位列第 9、10 和 12 名。

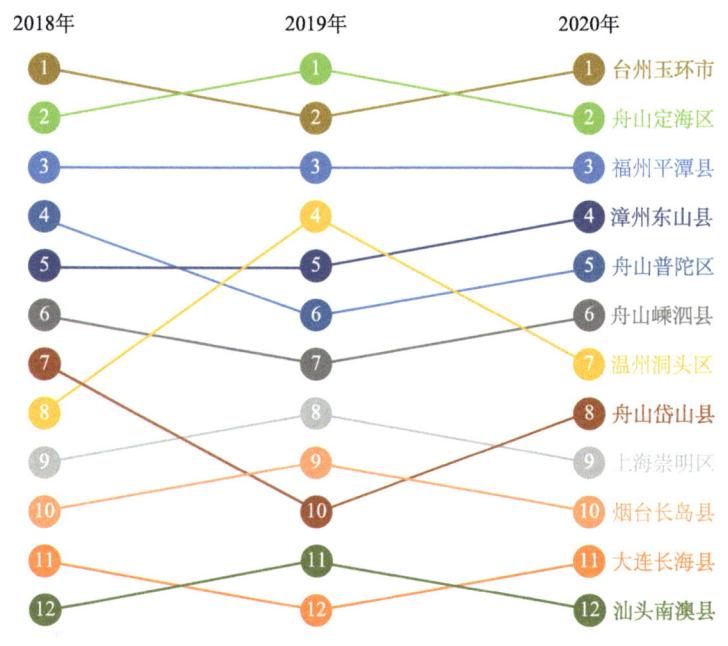

第三章 世界级生态岛三生空间指数结果

图 3-16　2018～2020 年各岛屿生产空间指数相对得分排名情况

2. 生产空间指数二级指标得分

2018～2020 年各岛屿效益产出、绿色生产及创新等指标的相对得分如图 3-17 所示。2018 年，在效益产出方面，台州玉环市表现出突出优势，得分接近 0.9，漳州东山县表现也不错，得分为 0.76。上海崇明区和汕头南澳县与其他岛屿均存在较大差距，其他岛屿在效益产出上的得分基本均在 0.3～0.5。上海崇明区与上海市比较，效益产出能力较弱，得分不足 0.1，位列所有岛屿最后；汕头南澳县得分低于 0.15，位列所有岛屿倒数第 2 名。在绿色生产方面，上海崇明区位列第 1 名，得分为 0.5191，大连长海县和漳州东山县得分均低于 0.1。在创新方面，许多岛屿（如大连长海县、漳州东山县、汕头南澳县及烟台长岛县）的创新能力均不足，舟山定海区表现相对突出，得分为 0.6524。在 2019 年，各岛屿子指标的得分变化不大，台州玉环市和漳州东山县依旧保持着在效益产出指标得分的领先地位，上海崇明岛和舟山定海区也分别保持着在绿色生产和创新方面的优势。此外，与 2018 年相比，在效益产出方面，舟山嵊泗县得分明显提高；在绿色生产方面，汕头南澳县得分明显上升，温州洞头区得分略有上升；在创新方面，舟山嵊泗县及台州玉环市的得分显著下降。2020 年，漳州东山县在绿色生产方面提升显著，其他岛屿在效益产出及绿色生产方面得分变化不大。

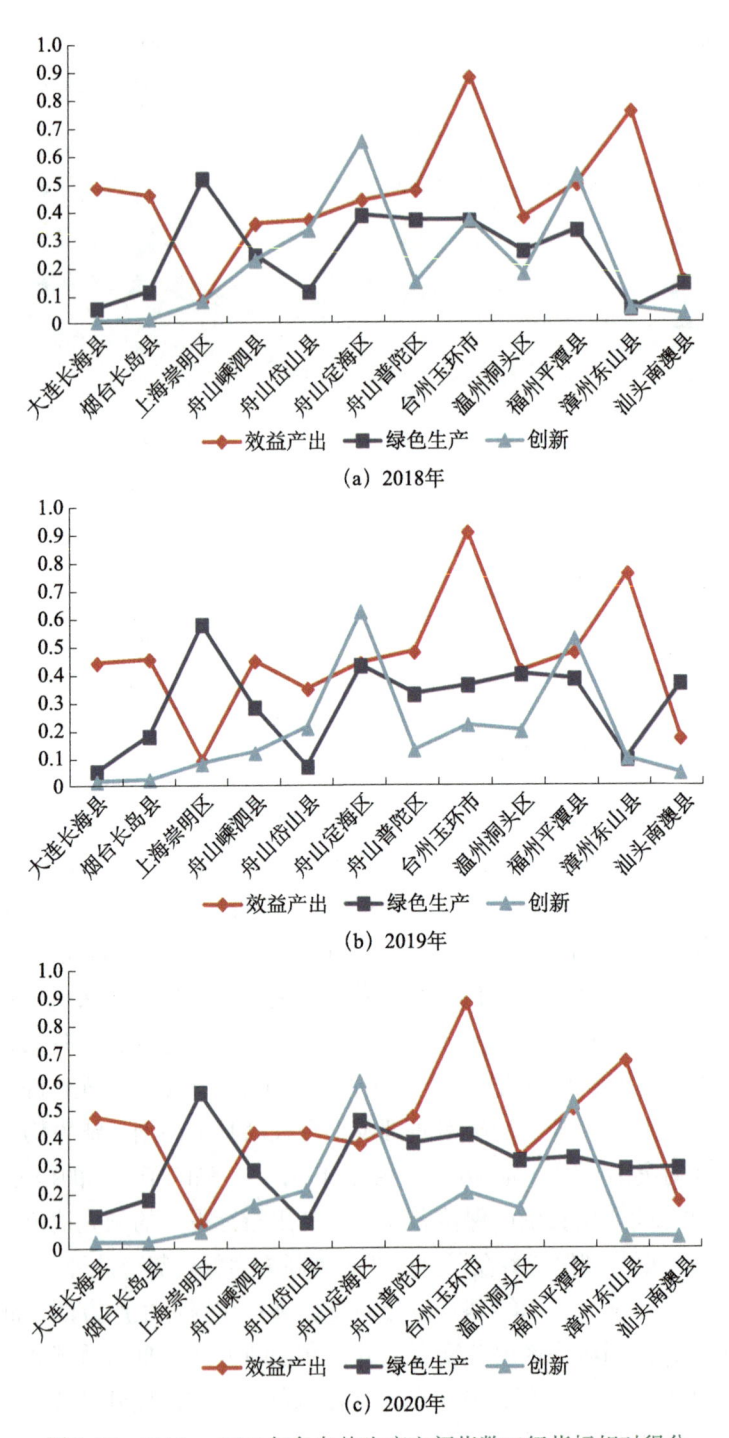

图 3-17　2018～2020 年各岛屿生产空间指数二级指标相对得分

3.2.3 生活空间指数相对结果

1. 生活空间指数总得分及排名变化

各岛屿与其所在地级市比较下得到的 2018～2020 年世界级生态岛生活空间指数的统计特征如表 3-7 所示，平均值分别为 0.4485、0.4654 以及 0.4017，中位数分别为 0.4427、0.4806 和 0.4051。由此可见，各岛屿生活空间整体水平 2018～2020 年先略有上升后显著下降。2018 年和 2019 年，生活空间指数在个体岛屿之间的差距显著，最高得分是最低得分的约 4 倍；2020 年的最高得分和最低得分之间的差距进一步缩小，最高得分仅为最低得分的约 3 倍。从极差来看，岛屿间的差异同样在 2020 年显著减小。从具体岛屿来说（图 3-18），台州玉环市表现出绝对的劣势，2018 年和 2019 年得分均低于 0.2，2020 年略有提升，得分为 0.3187。汕头南澳县在 2018 年和 2019 年表现出突出优势，得分分别为 0.6630 和 0.6990，2020 年的得分仅为 0.5050。此外，舟山普陀区的得分也在 2020 年下降明显，为 0.1833，得分仅为 2019 年得分的一半。在所有岛屿里，仅有舟山嵊泗县的得分连年提高，2018～2020 年的得分分别为 0.4779、0.5138 和 0.5849。此外，上海崇明区和烟

表 3-7 世界级生态岛生活空间指数相对得分的统计特征

年份	平均值	中位数	标准差	最小值	最大值	极差
2018	0.4485	0.4427	0.1253	0.1479	0.6630	0.5151
2019	0.4654	0.4806	0.1184	0.1707	0.6990	0.5283
2020	0.4017	0.4051	0.1058	0.1833	0.5849	0.4017

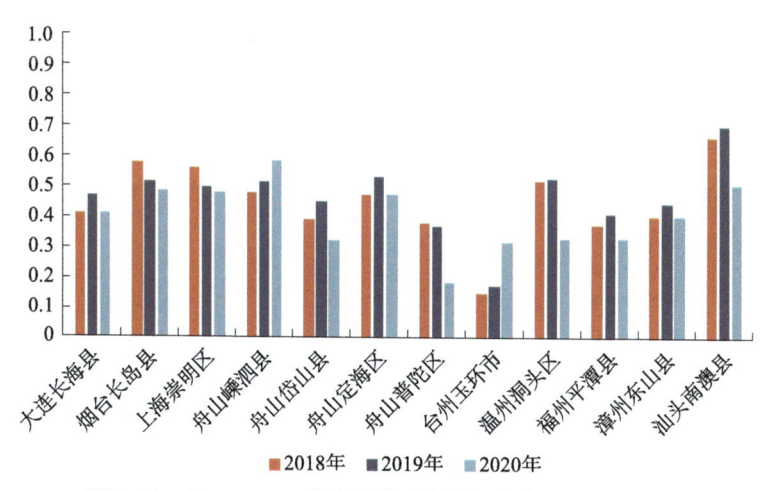

图 3-18 2018～2020 年各岛屿生活空间指数相对得分情况

台长岛县的得分连年下降，2020 年得分分别为 0.4806、0.4841。

根据各岛屿与其所在地级市比值获得的生活空间指数相对得分由高至低进行排序得到 2018～2020 年排名情况。如图 3-19 所示，2018～2020 年各岛屿排名变化较大。汕头南澳县在 2018 年和 2019 年排名第 1 名，2020 年略有下降，排名第 2 名。舟山嵊泗县由 2018 年的第 5 名攀升至 2020 年的首位。烟台长岛县在 2018 年位列第 2 名，2019 年下降至第 5 名，2020 年上升至第 3 名。上海崇明区在 2018 年位列第 3 名，2019 年排名下降至第 6 名，2020 年上升至第 4 名。舟山定海区在 2018 年和 2020 年分别位于第 6 和第 5 名，在 2019 年的排名是第 2 名。温州洞头区排名下降明显，由 2019 年第 3 名下降至 2020 年第 8 名。漳州东山县的排名先下降后上升，2020 年位列第 7 名。此外，福州平潭县排名连年上升，而舟山普陀区的排名连年下降，2020 年分别位列第 9 名和第 12 名。相对而言，大连长海县、福州平潭县和台州玉环市排名较稳且在 2020 年较 2019 年排名均上升，分别位列第 6、第 9 和第 11 名。

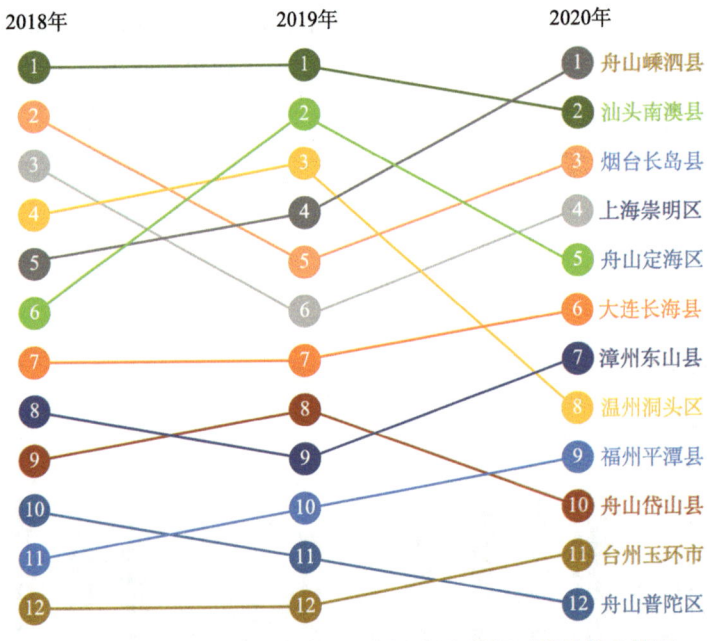

图 3-19　2018～2020 年各岛屿生活空间指数相对得分排名情况

2. 生活空间指数二级指标得分

2018～2020 年各岛屿居住环境、公共服务及健康安全等指标的相对得分如

图 3-20 所示。2018 年，与岛屿所在地级市相比，上海崇明区在居住环境方面优势显著，主要原因是上海崇明区城镇人均建筑居住面积及人均公园绿地面积均远高于上海市城镇人均水平。烟台长岛县表现出相对不俗的水平，得分约为 0.58，台州玉环市、福州平潭县、漳州东山县相对逊色，得分仅约为 0.1。在公共服务方面，汕头南澳县、舟山定海区及烟台长岛县均表现良好，得分均高于 0.5；上海崇明区及福州平潭县在公共服务上还存在明显劣势，得分约为 0.1。在健康安全方面，温州洞头区得分最高，除台州玉环市有明显劣势外，其他岛屿得分均高于 0.5。2019 年，在居住环境方面，上海崇明区的优势较 2018 年削弱明显，但仍位居所有岛屿第二，烟台长岛县位居榜首；在公共服务方面，烟台长岛县的得分降低至 0.3095，其他岛屿得分基本不变；在健康安全方面，台州玉环市依旧位列

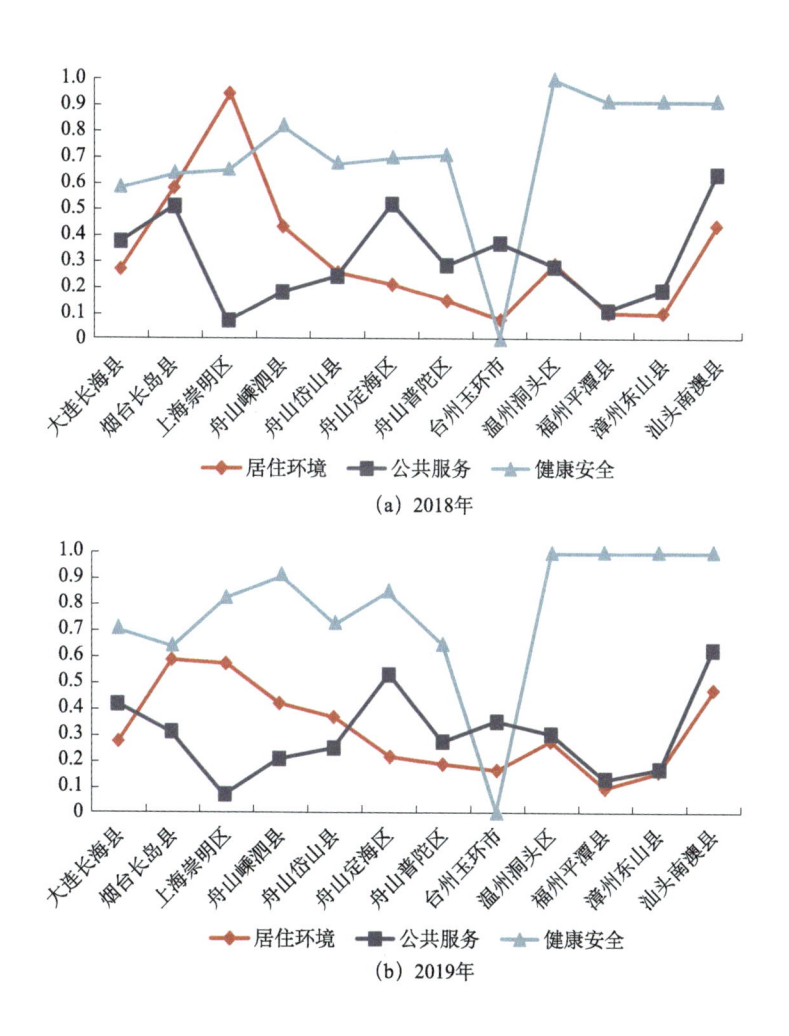

(a) 2018年

(b) 2019年

[图表：2018~2020年各岛屿生活空间指数二级指标相对得分情况，横轴为各岛屿（大连长海县、烟台长岛县、上海崇明区、舟山嵊泗县、舟山岱山县、舟山定海区、舟山普陀区、台州玉环市、温州洞头区、福州平潭县、漳州东山县、汕头南澳县），三条折线分别为居住环境、公共服务、健康安全，(c) 2020年]

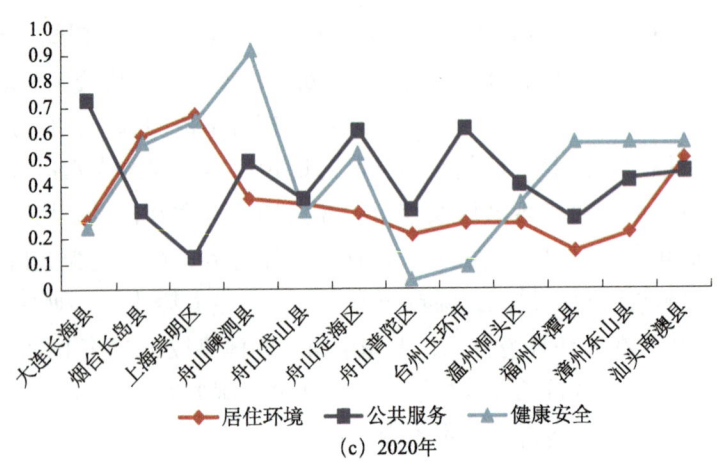

图 3-20 2018～2020 年各岛屿生活空间指数二级指标相对得分情况

最后，而上海崇明区及舟山定海区的得分提升显著。2020 年，在居住环境方面，上海崇明区得分仍保持第 1 名，台州玉环市得分略有提高；在公共服务方面，大连长海县得分攀升至第 1 名，舟山嵊泗县、台州玉环市以及漳州东山县得分提高显著，而汕头南澳县得分明显下降；相对于居住环境和公共服务，岛屿在健康安全方面的变化最大，整体水平大幅度下降。健康安全方面，舟山嵊泗县以 0.9185 的得分位居第 1 名。尽管上海崇明区在此方面得分显著提高，位列所有岛屿第 2 名，但与舟山嵊泗县相比还存在较大差距。大连长海县和舟山普陀区相对健康安全下降明显，后者位列所有岛屿最后，台州玉环市略有上升，排至第 11 名。

3.2.4 生态空间指数相对结果

1. 生态空间指数总得分及排名变化

各岛屿与其所在地级市比较得到的 2018～2020 年世界级生态岛生态空间指数的统计特征如表 3-8 所示，平均值分别为 0.5997、0.6045 和 0.6038，中位数分别为 0.5298、0.5618 以及 0.5737。由此可见，2018～2020 年，各岛屿生态空间整体水平相对保持稳定。但 2018～2020 年，生态空间指数在个体岛屿之间的差距显著，最大值和最小值之间的差距逐渐增大，到 2020 年，最高得分与最低得分的比值超过了 2。这表明从各岛屿与其所在地级市比值来看，个体岛屿间的差异逐年增加。从具体岛屿来说（图 3-21），舟山定海区和汕头南澳县表现出突出优势，三年得分基本维持在 0.8 分以上。各岛屿年度得分变化不大，上海崇明区、温州洞头区、福州平潭县三年得分基本持平，分别保持在 0.7、0.4 及 0.6 左右。大连长海县得分则保持一定的上升幅度，2020 年的得分为 0.6546。舟山岱山县和嵊泗县在 2020 年得分下降较为明显，分别降至 0.3978 和 0.4271。

表 3-8 2018～2020 年世界级生态岛生态空间指数相对得分的统计特征

年份	平均值	中位数	标准差	最小值	最大值	极差
2018	0.5997	0.5298	0.1361	0.4458	0.8431	0.3973
2019	0.6045	0.5618	0.1445	0.4455	0.8798	0.4343
2020	0.6038	0.5737	0.1549	0.3978	0.8705	0.4727

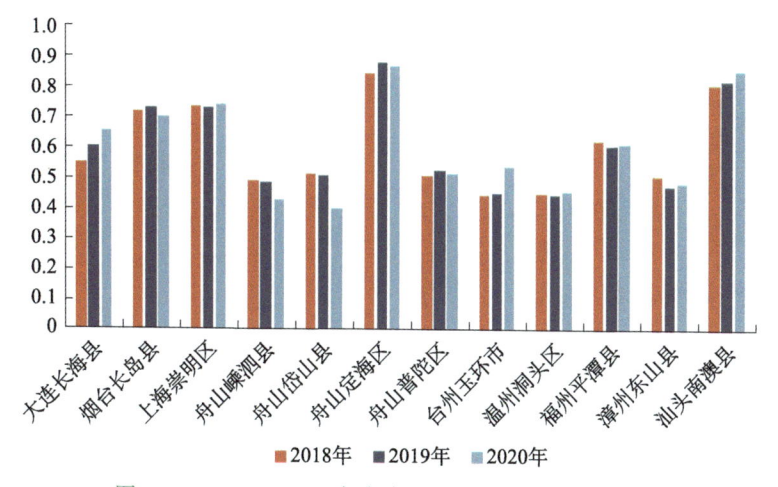

图 3-21 2018～2020 年各岛屿生态空间指数得分情况

根据各岛屿与其所在地级市比值获得生态空间指数相对得分由高至低进行排序得到 2018～2020 三年间排名情况。如图 3-22 所示，舟山定海区和汕头南澳县优势显著，连续三年分别位列第 1 名和第 2 名。上海崇明区和烟台长岛县两者竞争第 3 名，2020 年，上海崇明区略胜一筹，排第 3 名，烟台长岛县位列第 4 名。2018～2019 年，福州平潭县和大连长海县稳居第 5 和第 6 名，2020 年大连长海县的排名上升 1 位至第 5 名，福州平潭县下降 1 位至第 6 名。台州玉环市、舟山普陀区、漳州东山县、温州洞头区、舟山嵊泗县以及岱山县排名靠后。其中，排名上升明显的岛屿是台州玉环市，由 2018 年的第 12 名上升至 2019 第 11 名，后继续上升至 2020 年的第 7 名；排名下降明显的岛屿是舟山岱山县，由 2018 年的第 7 名下降至 2019 第 8 名，后继续下降至 2020 年的第 12 名。

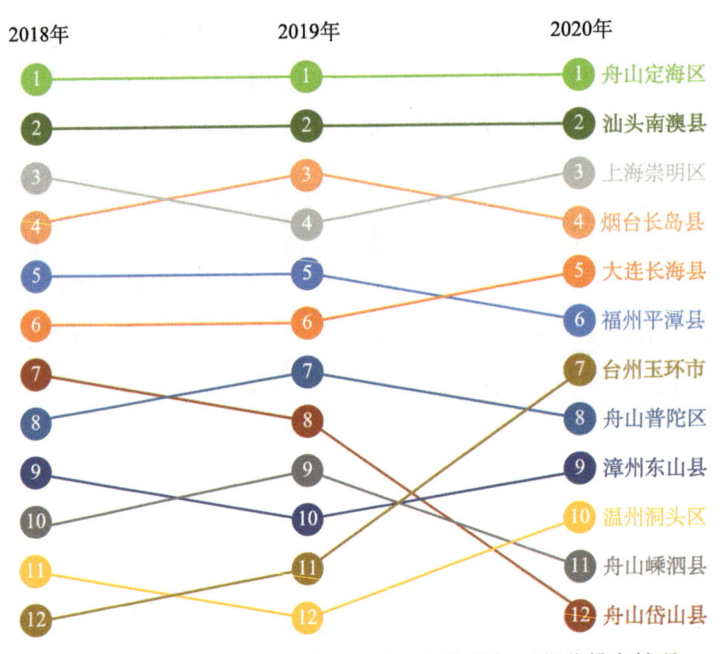

图 3-22　2018～2020 年各岛屿生态空间指数相对得分排名情况

2. 生态空间指数二级指标得分

2018～2020 年各岛屿生态环境、生态保护和环境治理等指标的相对得分如图 3-23 所示。鉴于生态保护区等级（国家级和省级）和数量的年度变化较小，各岛屿与其所在地级市比较得到的生态保护得分在 2018～2020 年间保持不变，舟山定海区和汕头南澳县得分最高，烟台长岛县次之。2018 年，在生态环境方面，上海崇明区得分最高，为 0.8592，台州玉环市和温州洞头区表现较差；在环境治理方面，福州平潭县表现优异，温州洞头区紧随其后，而大连长海县劣势突出，得分最低，仅为 0.5。2019 年，在生态环境方面，大连长海县得分相较 2018 年略有提升，上升至所有岛屿中的第 1 名，舟山定海区得分也略有提高；岛屿在环境治理方面的得分变化不大，大连长海县依旧得分最低，劣势突出。2020 年，在生态环境方面，相较 2019 年，大连长海县的得分有所下降，上海崇明区得分上升重回第 1 名，温州洞头区依旧保持着在此方面的劣势；在环境治理方面，大连长海县有了明显提升，得分为 0.8727，汕头南澳县得分和排名均略有提升，而舟山岱山县和嵊泗县得分明显下降，舟山岱山县位列所有岛屿中末位。

第三章 世界级生态岛三生空间指数结果

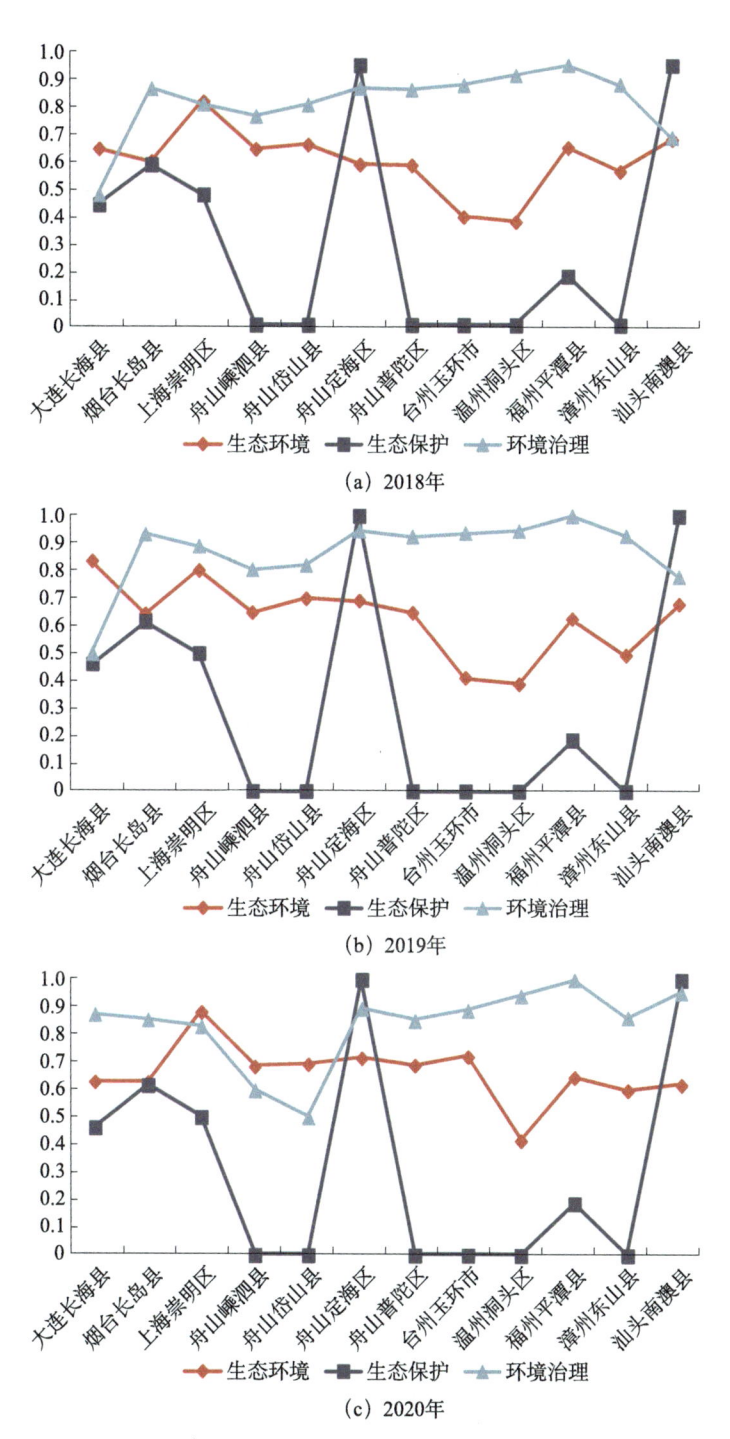

(a) 2018年

(b) 2019年

(c) 2020年

图 3-23 2018～2020 年各岛屿生态空间指数二级指标相对得分情况

59

3.2.5 岛屿生产、生活和生态空间相对值协调分析

为避免不同维度数量级间的差异，本节利用最大值标准化后的生产、生活和生态空间指数及世界级生态岛三生空间指数相对结果，分析每个岛屿与其所在地级市比较下三生空间发展的协调情况。从具体岛屿来看（图3-24），2018年，台州玉环市、烟台长岛县、汕头南澳县和上海崇明区在三生空间上优劣明显。其中，台州玉环市在生活空间上劣势突出，而生产空间指数得分在所有岛屿中排名第一；烟台长岛县和汕头南澳县在生产空间上得分较低，但在生态和生活空间得分较高。此外，大连长海县和温州洞头岛在生产空间的得分较低，不如其在生活和生态空间上的表现。福州平潭县在生活空间上的表现也略不如生产和生态空间。漳州东山县、舟山普陀区、舟山嵊泗县及岱山县在生产、生活和生态空间指数的得分较为均衡，协调度相对较好，但得分均不高。舟山定海区在各维度表现均很好，且在生态空间上还具有明显优势。

2019年，各岛屿的短板和长板无较大变化。大连长海县、烟台长岛县、汕头南澳县和上海崇明区依旧在生产空间上表现出明显短板，且在生活和生态空间保持着较大优势。舟山岱山县在生产空间上得分降低，三生协调度有所下降。漳州东山县、舟山普陀区及嵊泗县在生产、生活和生态空间上协调度相对较高，但各

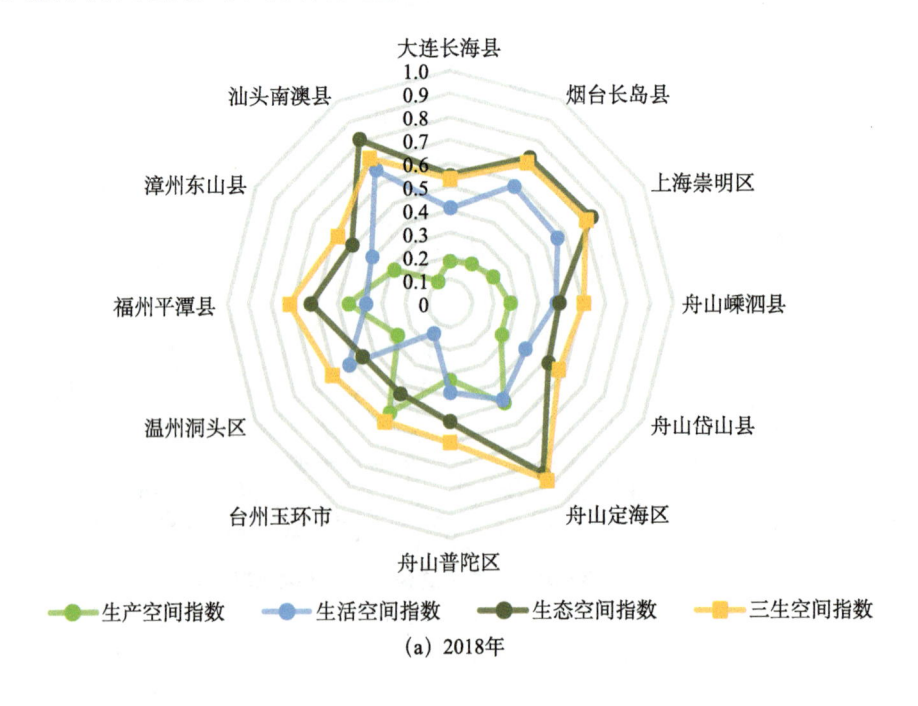

(a) 2018年

第三章 世界级生态岛三生空间指数结果

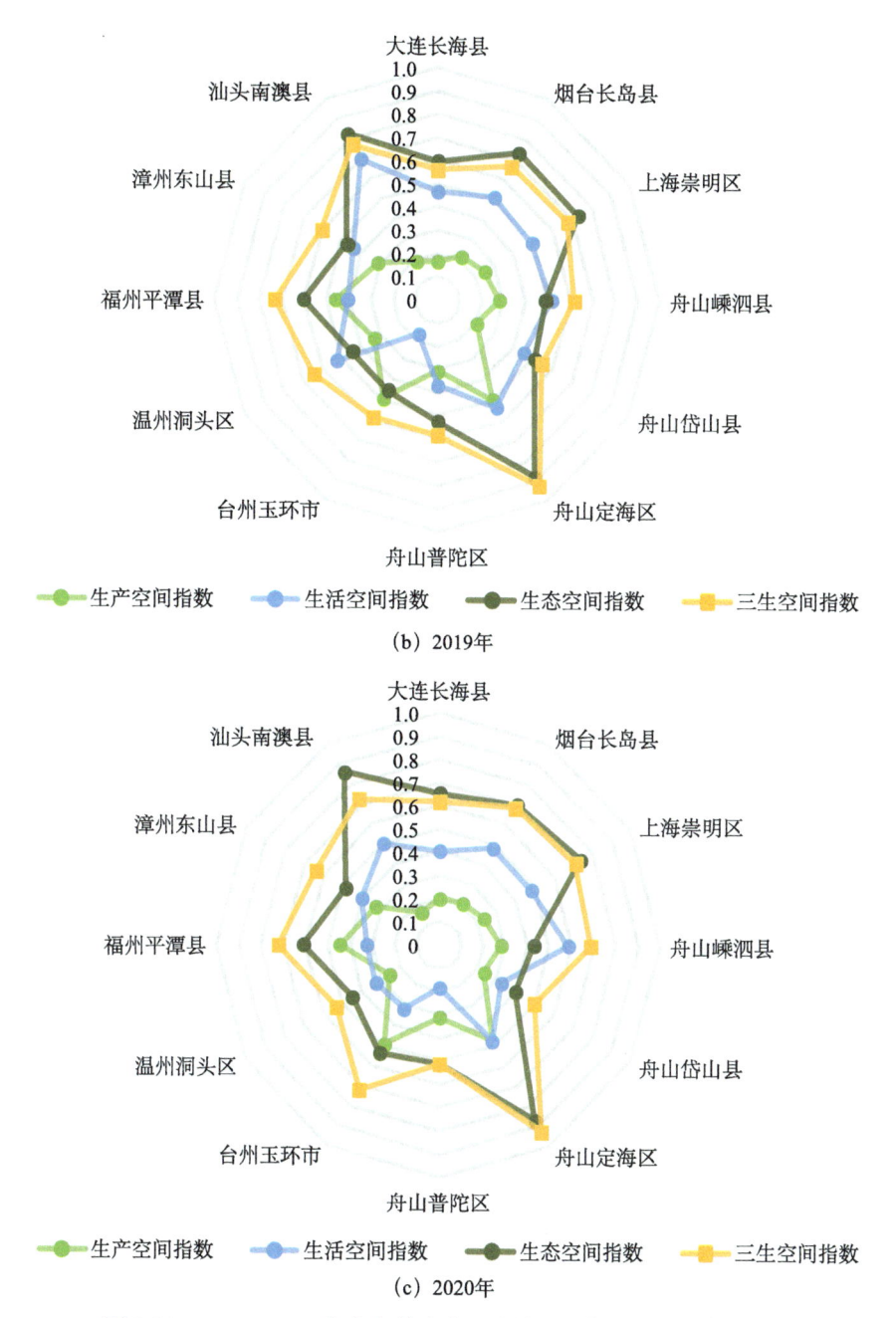

(b) 2019年

(c) 2020年

图 3-24 2018～2020 年各岛屿生产、生活和生态空间相对值协调性

维度得分平平，尚不突出。舟山定海区依旧保持着生产、生活和生态空间较高水准。

2020年，各岛屿的变化较大，台州玉环市在生活空间的劣势明显缩小，舟山普陀区表现出了在此方面的劣势，舟山嵊泗县生活空间指数得分明显提高。在三生协调方面，舟山定海区表现较好，整体实力较好。

3.3 崇明岛三生空间指标结果与解析

3.3.1 崇明岛三生空间指数结果

关于崇明岛三生空间的指数，可基于其一级指标和二级指标的得分和排名（表3-9）以及三级指标在所有岛屿中的排名（表3-10）进行分析。总体来看，上海崇明岛2018~2020年的世界级生态岛三生空间（生产、生活和生态空间）指数得分分别为0.8484、0.8780和0.9070，得分逐年增加，且连续三年均位列所有岛屿首位。上海崇明区自身生产空间排名较高，2018年排在第3名，2019年排在第2名，2020年排名升至第1名。从二级指标看，首先，上海崇明区在效益产出方面在所有岛屿中大致位于中位，2019年位列第4名，整体效益产出水平良好。其次，上海崇明区自身在绿色生产方面的排名为第1名，这表明上海崇明区在绿色生产上具有突出优势，或许可以加强绿色生产方面的资金支持，将其打造为崇明岛的标志性优势。在三级指标中，第三产业增加值占GDP的比重连续三年位列第1名，每万人粮食产量在2018年和2019年位列第1名，2020年位列第2名，表现突出。这表明上海崇明区正积极转换生产结构和方式，且获得了较好的收益。此外，崇明区在资源节约和生态环保投入占财政支出比例表现良好，三年均处于所有岛屿中前三名。最后，上海崇明区在创新的排名也逐年上升，2018位于第6名，2019年排第4名，2020年排名上升至第2名。三级指标中每万人专利申请数排名上升显著，由2018年的第9名上升至2019年的第3名，2020年进一步上升至第1名。这表明崇明区看重创新方面的投入且创新水平逐年提高。

上海崇明区的生活空间在2018年位列第3名，2019年下降至第4名，2020年位列第5名，整体排名略有下降。从二级指标来看，首先，上海崇明区在居住环境方面三年均位列第2名。崇明区在三级指标的城镇人口人均住房建筑面积及千人拥有公路总长度方面在所有岛屿中表现优异，三年均分别位列第1名和第3名。但崇明区城镇人口人均公园绿地面积与其他岛屿相比较低，2020年排名仅为第12名。其次，在公共服务方面崇明区同样位列最后，在千人拥有学校数、教师数以及医疗卫生机构床位数方面均排名较后，且2019年各指标排名均比2018年有所下降。最后，在健康安全方面，上海崇明区三年均排第2名。三级指标人均期望寿命在所有岛屿中最高，三年均排第1名，每千人交通事故死亡人数指标排第9名。

上海崇明区的生态空间连续三年位列第3名，整体能力不错。从二级指标来看，首先，在生态环境方面，上海崇明区在农业种植时的农药使用强度较低，整体水环境质量良好，但在森林覆盖率以及空气质量方面远不如其他岛屿，2020年分别位列第11和第10名。其次，在生态保护方面，上海崇明区拥有自然保护区的等级（国家级和省级）和数量的排名为第1名。最后，在环境治理方面，上海崇明区2018年和2019年的排名为第8名，2020年的排名下降至第10名。三级指标城镇（乡）生活垃圾无公害化处理率连续三年位列第一，而城镇污水集中处理率2018年和2019年位列第8名，2020年下降至第10名，这说明崇明区在城镇污水集中处理率上仍存在较大的进步空间。

表3-9 上海崇明区一级指标和二级指标的得分和排名情况（绝对结果）

指标	得分 2018年	得分 2019年	得分 2020年	排名 2018年	排名 2019年	排名 2020年
三生空间指数	0.8484	0.8780	0.9070	1	1	1
生产空间	0.4864	0.5345	0.6151	3	2	1
效益产出	0.4961	0.5826	0.5826	6	4	4
绿色生产	0.7278	0.7196	0.7196	1	1	1
创新	0.2352	0.3014	0.3014	6	4	2
生活空间	0.5620	0.5224	0.5129	3	4	5
居住指数	0.6651	0.5508	0.5508	2	2	2
公共服务	0.2214	0.2075	0.2075	12	12	12
健康安全	0.7996	0.8090	0.8090	2	2	2
生态空间	0.8349	0.8442	0.8236	3	3	3
生态环境	0.6289	0.6301	0.6679	8	8	8
生态保护	1.0000	1.0000	1.0000	1	1	1
环境治理	0.8757	0.9026	0.8030	8	8	10

表 3-10　上海崇明区三级指标在所有岛屿中排名情况（绝对结果）

一级指标	二级指标	三级指标（单位）	2018年排名	2019年排名	2020年排名
生产空间指数（PQI）	效益产出（PQI1）	人均GDP（万元）	11	11	11
		地均财政收入（万元/千米²）	2	1	1
		城镇人口人均可支配收入（万元）	6	6	6
	绿色生产（PQI2）	第三产业增加值占GDP的比重（%）	1	1	1
		每万人粮食产量（吨）	1	1	2
		资源节约和生态环保投入占财政支出比例（%）	3	3	2
	创新（PQI3）	科学技术支出占财政支出比例（%）	3	4	4
		每万人专利申请数（个）	9	3	1
生活空间指数（LQI）	居住环境（LQI1）	城镇人口人均住房建筑面积（米²）	1	1	1
		城镇人口人均公园绿地面积（千米²）	7	12	12
		千人拥有公路总长度（千米）	3	3	3
	公共服务（LQI2）	千人拥有学校数（个）	10	11	11
		千人拥有教师数（个）	9	11	11
		千人拥有医疗卫生机构床位数（个）	10	11	11
	健康安全（LQI3）	人均期望寿命（岁）	1	1	1
		每千人交通事故死亡人数（人）	9	9	9
生态空间指数（EQI）	生态环境（EQI1）	水环境质量考核断面达标率（%）	1	1	1
		农药使用强度（千克/公顷）	2	2	2
		空气质量指数（AQI）达到优良天数比例（%）	11	11	10
		森林覆盖率（%）	12	12	11
	生态保护（EQI2）	拥有自然保护区的等级（国家级和省级）和数量	1	1	1
	环境治理（EQI3）	城镇污水集中处理率（%）	8	8	10
		城镇（乡）生活垃圾无公害化处理率（%）	1	1	1

3.3.2　崇明岛三生空间指数相对上海市结果

基于其一级指标和二级指标的得分和排名情况（表 3-11）以及三级指标在所有岛屿中排名情况（表 3-12），对崇明岛三生空间指数相对上海的结果进行具体分析。上海崇明区 2018~2020 年世界级生态岛三生空间指数得分分别为 0.7099、

0.6770 和 0.7130，在所有岛屿中分别列第 4 名、第 4 名和第 5 名。上海崇明区在生产空间的排名较低，2018 年排在第 9 名，2019 年略有提升，排名第 8 名，2020 年排名落回第 9 名。从二级指标看，首先，上海崇明区在效益产出方面均位列最后，主要是由于三级指标中人均 GDP、地均财政收入连续三年均位列第 12 名，城镇人口人均可支配收入连续三年位于第 11 名。这说明，上海崇明区在效益产出各方面能力都远落后于上海市整体水平。其次，上海崇明区在绿色生产方面连续三年排第 1 名，这表明即使和上海市相比，上海崇明区在绿色生产上也具有突出优势，能够节能降耗以实现高产。在三级指标中，每万人粮食产量连续三年列第 1 名；第三产业增加值占 GDP 的比重的排名连续下降，2020 年列第 8 名；资源节约和生态环保投入占财政支出比例表现良好，基本处于所有岛屿中前三名。最后，上海崇明区在创新的排名一般，2018 年和 2020 年均位于第 8 名，2019 年下落到第 9 名。三级指标包括科学技术支出占财政支出比例及每万人专利申请数的排名均靠后。这是因为上海市作为我国超大城市，在创新创业方面的能力远超其他城市。相较于其他区，上海崇明区远离上海市区且缺乏创新创业的人才和环境，与上海市相比在创新方面较弱。

上海崇明区的生活空间在 2018 年列第 3 名，2019 年下降至第 6 名，2020 年上升至第 4 名，整体实力尚佳。从二级指标来看，首先，上海崇明区在居住环境方面在 2018 年和 2020 年均列第 1 名，2019 年列第 2 名。三级指标城镇人口人均住房建筑面积连续三年在所有岛屿中位列第 1，这是由于上海市土地资源紧张，人口众多，上海市整体的人均住房建筑面积较低，相比之下，上海崇明区得分较高。三级指标城镇人口人均公园绿地面积由 2018 年的第一下降至 2019 年的第 11 名，这主要是由于在统计口径上，2018 年仅能获得人均公共绿地面积。此外，在三级指标千人拥有公路总长度方面，上海崇明区也具有优势，连续三年位列第 2。其次，在公共服务方面，上海崇明区位列最后。2020 年，崇明区在三级指标千人拥有学校数、教师数以及医疗卫生机构床位数分别排名第 9、第 11 和第 12。最后，在健康安全方面，上海崇明区排名逐步提高，2020 年排名第 2。三级指标人均期望寿命 2018 年和 2019 年在所有岛屿中排名分别位于第 9 名和第 10 名，2020 年上升至第 2 名；每千人交通事故死亡人数变化较小，2018 年和 2019 年的排名为第 8 名，2020 年升至第 7 名。

上海崇明区的生态空间在 2018 年和 2020 年位列第 3，2019 年位列第 4，整体水平较高。从二级指标来看，首先，在生态环境方面，上海崇明区排名稳居前 2，且在 2018 年和 2020 年均位列第 1。三级指标中水环境质量良好，水环境质量考核断面达标率连续三年排名第 1；农药使用强度在 2018 年排第 2 名，2019 年下落至第 3 名，2020 年回升至第 2 名；空气质量指标在 2018 年和 2020 年均排第 3 名，2019 年位列第 4；森林覆盖率排名良好，连续三年位列所有岛屿第 2 名。这表明，与上海市相比，崇明区的生态环境优势突出。其次，在生态保护方面，上海崇明区表现不错，三年均排名第 4。最后，在环境治理方面，上海崇明区在 2018 年和 2019 年均排名第 8，2020 年下落至第 10 名。三级指标城镇（乡）生活垃圾无公害化处理率连续三年位列第 1，而城镇污水集中处理率在 2018 年和 2019 年位列第 8，2020 年位列第 10。

表 3-11 上海崇明区一级指标和二级指标的得分和排名情况（相对结果）

指标	得分 2018 年	得分 2019 年	得分 2020 年	排名 2018 年	排名 2019 年	排名 2020 年
三生空间指数	0.7099	0.6770	0.7130	4	4	5
生产空间	0.2251	0.2453	0.2320	9	8	9
效益产出	0.0783	0.0857	0.0816	12	12	12
绿色生产	0.5191	0.5768	0.5572	1	1	1
创新	0.0779	0.0735	0.0573	8	9	8
生活空间	0.5572	0.4936	0.4806	3	6	4
居住指数	0.9461	0.5778	0.6751	1	2	1
公共服务	0.0712	0.0739	0.1206	12	12	12
健康安全	0.6545	0.8291	0.6460	9	7	2
生态空间	0.7357	0.7304	0.7376	3	4	3
生态环境	0.8592	0.8017	0.8825	1	2	1
生态保护	0.5000	0.5000	0.5000	4	4	4
环境治理	0.8480	0.8895	0.8302	8	8	10

表 3-12 上海崇明区三级指标在所有岛屿中排名情况（相对结果）

一级指标	二级指标	三级指标（单位）	2018 年	2019 年	2020 年
生产空间指数（PQI）	效益产出	人均 GDP（万元）	12	12	12
		地均财政收入（万元/千米^2）	12	12	12
		城镇人口人均可支配收入（万元）	11	11	11
	绿色生产	第三产业增加值占 GDP 的比重（%）	6	7	8
		每万人粮食产量（吨）	1	1	1
		资源节约和生态环保投入占财政支出比例（%）	3	3	2

第三章　世界级生态岛三生空间指数结果

续表

一级指标	二级指标	三级指标（单位）	2018年	2019年	2020年
生活空间指数（LQI）	创新	科学技术支出占财政支出比例（%）	8	9	8
		每万人专利申请数（个）	10	11	8
	居住环境	城镇人口人均住房建筑面积（米^2）	1	1	1
		城镇人口人均公园绿地面积（千米^2）	1	12	9
		千人拥有公路总长度（千米）	2	2	2
	公共服务	千人拥有学校数（个）	8	9	9
		千人拥有教师数（个）	11	11	11
		千人拥有医疗卫生机构床位数（个）	12	12	12
	健康安全	人均期望寿命（岁）	9	10	2
		每千人交通事故死亡人数（人）	8	7	7
生态空间指数（EQI）	生态环境	水环境质量考核断面达标率（%）	1	1	1
		农药使用强度（千克/公顷）	2	3	2
		空气质量指数（AQI）达到优良天数比例（%）	3	4	3
		森林覆盖率（%）	2	2	2
	生态保护	拥有自然保护区的等级（国家级和省级）和数量	4	4	4
	环境治理	城镇污水集中处理率（%）	8	8	10
		城镇（乡）生活垃圾无公害化处理率（%）	1	1	1

第四章

崇明世界级生态岛发展路径

崔璨[1,2]，张叶玲[1,2]
（1.崇明生态研究院；2.华东师范大学城市与区域科学学院）

上海崇明区的三生空间整体水平良好，在部分指标上表现出突出优势，而在部分指标上还存在较大提升空间。在未来三生空间发展进程中，上海崇明区应当发挥优势，弥补劣势并对劣势指标进行针对性提高。崇明实施三生空间协调的主线是保护、修复和提升自然生态功能，但与此同时不能忽视发展生产和改善生活。崇明要以生态空间为基础，促进生产空间绿色高效发展、生活空间宜居健康发展、生态空间全面稳定发展，最终实现生产、生活和生态空间的协调发展。

4.1 促进三生空间协调发展

从三生空间指数的分析结果来看，崇明三生空间的不协调主要表现在生产和生态空间发展优势明显，生活空间结果逐年下降，且与其他岛屿相比优势不明显。此外，崇明的三生空间指数结果在12个岛屿区县中表现较好，但与上海市整体水平相比相对落后。这些结果均表明，崇明对于生产、生活和生态空间的协调治理能力还不够，且目前生活空间的增长速度明显落后于生产空间和生态空间增长速度。因此在生态岛建设时要做到如下几点。

（1）提升空间治理能力现代化，在更大尺度上实现三生空间整体协调发展，取得共赢。在意识形态上，崇明要牢牢关注生活空间的发展，在注重生产和生态空间提质增优的同时要持续为生活空间的发展提速，不能因为生产和生态空间而压缩甚至忽略生活空间。在规划空间时，要立足规划引导，优化组织崇明生态、生产和生活空间布局，统筹全区发展。在崇明发展过程中必然会不断出现优质、重大的生产或生态项目，但在此过程中，崇明不能"规划跟着项目走"，不能因为重大的生产或生态相关项目的落地及发展而随意布局，必须协调好生产、生活和生态空间的供需平衡。

（2）建立岛屿联盟机制，互鉴经验，共谋发展。崇明要同其他岛屿加强交流与合作，通过举行交流会议、学术研讨会等形式共同探讨解决岛屿发展中遇到的共性问题。在生产方面，各岛屿可以在经济领域建立互助机制，联合开展多方面的产业合作，通过资源共享和市场协同实现共同发展；在生活方面，拥有独特地域文化的岛屿可以通过文化交流，丰富当地居民生活；在生态方面，岛屿间可以开展环保合作，联合进行环境治理。

4.2 促进生产空间绿色高效发展

生产空间是崇明生存发展的保障，但崇明在此方面还有待进一步加强。崇明在促进生产空间绿色高效发展的过程中应做到以下几点。

（1）加强市内跨区协作。与其他岛屿相比，崇明在生产空间上的排名较高，但从其与所属地级市（上海市）的相对结果来看，崇明的水平不高。因此，应依托上海市政府经济实力和人才优势基底，争取上海市加强对崇明发展方向的政策引导，根据崇明发展的切实需求，使上海市从全市层面优化资源配置，推动崇明发展所需的招商引资。此外，市有关部门应搭建实效沟通平台（如座谈会、讨论会等），召集各区的相关部门及人员进行交流，以强区带弱区，为崇明的更快发展集思广益。

（2）进一步优化产业结构，促进经济效益提高。崇明整体经济效益产出不高，究其原因为崇明产业发展不协调。从崇明目前各产业发展来看，第一产业优势突出，第三产业逐步提升，但在第二产业表现出空间利用效率低，配套成本及运维成本高而产出效益低。崇明离做到"'一产'优起来、'二产'强起来、'三产'旺起来"还存在较大距离。因此为盘活经济发展，崇明要创造良好的营商环境，构建多产业协同发展格局，从而提高存在弱势的人均 GDP 和人均可支配收入。尤其是要促进第二产业转型升级，加快传统制造业向现代制造业转型，淘汰落后产能。

（3）崇明需进一步扩大在绿色生产方面的显著优势，持续推进经济绿色发展，获得生产空间新突破。一是促进第三产业稳步增长。崇明在文化、旅游、体育等第三产业集聚度低，未发挥出集聚带动作用。崇明要培育和支持龙头企业，特别是要积极培育第三产业名牌企业，加大第三产业企业改革力度。与此同时注重文旅等服务产业的区域特色发展。二是促进农村产业发展，助力乡村振兴。崇明具有大面积农业资源，农业产业兴盛。未来首先要全力发展现代新农业，建立完善都市农业项目库，大力推进农产品集采集配中心、数字化水稻育秧中心、稻米一体化项目、农机综合服务中心建设。其次，重点培育一批具有国际影响力的农业生产基地。打造农产品品牌，实行"一镇一业"，科学确定主导产业发展类型，避免邻近镇村的同质化竞争。各农产品基地可以建立电子商务平台，拓宽农产品网购渠道，提高农产品销售量。为避免农民对电子商务的不了解和不熟悉，可以通过专业技术培训，提高农民使用电子商务平台的能力，也可以委托大学生村官、村干部等管理运营电商网站。最后，延长产业链，促进农业产业多元化发展。着力发展与农业生产相关的食品加工业，利用短视频网站等打造农产品品牌。在引进食品加工企业的同时需增加与食品安全检验部门和监督部门等的联系，确保村庄食品生产的安全、卫生和标准化，打造出高品质、高附加值、高安全性的优质农产品。

（4）促进各类科技创新资源向崇明集聚，通过科技创新引领经济增长和产业结构升级。一是大力支持企业创新。引导企业加大研发投入力度，充分释放企业科技创新的潜力和活力。打造科技创新集聚区，鼓励各类优质企业注册或落户上海张江高新技术产业开发区崇明园（简称张江崇明园），鼓励从事科技成果转化和服务的科技中介机构在张江崇明园内建立科技金融、企业信用、知识产权等各类公共技术服务平台，促进科技成果在崇明实施转化。二是积极引进多方面人才。长期以来，崇明面临着人才流失特别是青年人才流失的困境。人才是创新的基础，崇明要想做到创新突破，如何留住人才是亟须解决的问题。首先，要坚持以"人才的需求"为出发点，构建多层次人才精准服务体系。积极落实高校毕业生自主创业税收、补贴等支持政策和见习补贴等，鼓励高校毕业生落地就业。依托高校研发院等的建立，积极促成合作单位专家定期进崇明工作，为崇明建设储备人才。鼓励"特色"人才落户崇明，带动崇明发展。其次，要打造"绿水青山间"的办公场所，全面提高高素质人才的待遇福利，全方面吸引高素质人才和科技人才。最后，要着力解决人才引进后的安家落户和子女教育、医疗等保障问题。

4.3　促进生活空间宜居健康发展

崇明生活空间的增长速度较慢，空间质量还有待提高，应进一步重视生活空间。崇明在促进生活空间宜居健康发展过程中应做到以下几点。

（1）提高居民居住质量。首先，崇明在拥有充足居住空间的基础上，要进一步打造具有文化内涵的舒适家园。丰富居民生活内核的重点在于文化精神内核的充盈。特别是对于镇村而言，要保留乡村主题风貌，充分挖掘民风民俗，充分彰显乡土风情，打造文化广场等文化空间，丰富村民文化生活，凝聚乡村居民。其次，崇明区城镇人口人均公园绿地面积仅为 8.33 米^2，与其他岛屿相比存在较大发展空间，应持续推进公园绿地建设。一是合理改造街头游园、小微绿地，构建大中小布局合理的城市公园体系。二是提高公园绿化品质，结合历史底蕴彰显地域特色。三是打造绿化景观带，推动城镇绿道建设。另外，尽管崇明在每千人公路长度方面表现优异，但崇明内部较为均衡的现状道路与南高北低的人口密度存在脱节，部分道路利用效率不高，存在资源浪费现象。因此，崇明在优化交通环境方面需要做到如下几点。一是根据实际需求优化调整内部交通，提高道路利用效率，但也要避免大规模动工。二是要推动内部交通绿色化。搭建城乡一体化公交网络，搭建快速客运交通走廊，推进连接重点城镇的快速公交系统；大力推行绿色交通方式，建设自行车专用道，倡导公共交通和非机动化出行；结合慢行交通系统、生态景观廊道，融入休闲体育元素和智慧交通等先进理念，打造高品质生态公路典范和高效能公共交通系统。此外，崇明仍有待加强与上海及其他省市的道路通达性和连接度，积极推进与上海市区互通地铁，融入上海 1 小时都市圈。

（2）改善基础设施建设，提高公共服务水平。大连长海县和舟山定海区表现突出，而崇明在人均学校数、人均教师数、人均医疗卫生床位数上不如大多数岛屿，需进一步提高各项公共服务水平。因此要加强优质教育，提高师资力量，优化医疗水平。引导上海市区的三甲医院、中学以及高校在崇明设立分院、分校和研究院所，以此带动崇明各项社会事业更高质量发展。

（3）积极应对当地老龄化问题，打造世界级健康岛。崇明区人均期望寿命高，实际寿命高，现在及未来很长一段时间内都将面临着严重的老龄化问题。为此，崇明一方面要加强当地康养能力，提高社会保障水平。基层工作人员应加强对辖区内老年人的关心和慰问，落实一系列社会保障服务和社会救助政策。此外，引进合适的康养医院，打造配套有养老公寓、护理院、公共生活设施等的全龄退休社区，服务当地老年群体。另一方面要引导居民健康生活。提升公众健康生活意识，倡导居民健康行为。优化非机动化道路建设，提倡非机动化出行。在居民聚居地建设免费健身场所和休闲娱乐设施。

4.4 促进生态空间全面稳定发展

生态空间作为崇明的自然基底，是崇明建设世界级生态岛的重中之重。崇明在进一步促进生态空间全面稳定发展时，应做到以下几点。

（1）完善生态保护用地管理机制，促进生态修护。一方面，促进生态空间提质增效优化。加大良种壮苗培育力度，加强未成林管护，全面保护天然林，科学修复退化天然林，完善森林绿地生态空间布局和保护管理体系，探索建立森林绿地生态保护补偿制度。另一方面，加强生态用地的规划立法和执法监督。修改完善与生态空间密切相关的法律法规，加强部门间政策和法规衔接，以确保空间规划者、空间治理者、土地所有者及土地经营者的空间治理和利用行为有法可依。例如，可以安排落实岸线的日常环境卫生以及设施维护工作，确立合理的条例与法规规范生态保护区、湿地公园等公共场所的相关行为。

（2）大力推进生态空间数字化平台建设。一是建设生物多样化监测和大数据平台。通过监测平台实时监控生物生存环境与风险，建立监测评估制度，评价结果可作为优化生物多样性保护格局、实施生态补偿和领导干部生态环境损害追究的依据。提高现有监测体系的覆盖范围，加强外来入侵物种的检测监测、风险分析、绿色防控、扩散阻断、根治灭除和生态修复等技术研究和实施。二是大力推进农业数字化转型，积极探索物联网、大数据、人工智能等数字科技在农业领域的集成应用。始终守牢"耕地红线"，加强农田土壤的全程监管，构建以生物保育为核心的农田土壤监管网络，通过大数据和人工智能技术，开展水稻病虫害远程在线辅助诊断，实现土地"一网管控"。

（3）促进生态价值向经济价值和社会价值转换。在严格保障生态空间安全的基础上，通过增加生产、生活、生态之间的连通性，发挥更大的生态服务价值，提升生产及生活服务功能。推进生态文旅发展，深化全域旅游建设。重点推动以生态休闲旅游为主的现代服务业加快发展，积极打造崇明现代旅游品牌，扩大崇明旅游知名度。首先要以推进体旅、农旅、文旅、医旅、林旅等"多旅融合"发展为实施路径，具体实施路径包括如下几点：①发展"生态+体育"活动，着力围绕自行车、路跑、足球、水上运动、房车露营等项目，积极打造户外休闲运动产业链；②将新农业发展同旅游发展结合起来，发展乡村旅游业，开展"生态+农业"活动，积极打造体验式休闲农业项目合作；③持续发挥其他岛屿未有而崇明岛独有的花博会效应，大力推进花卉产业研发、生产、交易、文化创意等集群式发展。其次，可以推动中心城区与崇明结对开展休闲农业等现代旅游服务活动，促进上海市区居民的需求与崇明生态岛的资源得到有效对接，实现商旅共赢。

（4）结合崇明特色，深化崇明生态品牌建设。促进上海市将重大生态产业项目优先落地崇明，以重大项目牵引高质量发展，且在生态项目中要注重打造项目亮点。充分利用崇明拥有的生态环境基底开展生态活动，生态活动也要同崇明的历史文化、地理演变等区域特色巧妙融合。加大品牌宣传，打造品牌效应，扩大辐射范围，提高崇明生态活动影响力。

（5）盘活崇明农村土地资源，促进土地节约集约利用。探索运用农村集体经营性建设用地入市、农村土地征收和农村宅基地制度改革等方式盘活土地资源。积极探索试行"渔光互补""稻虾共作"等高土地利用效率的生态农业、立体农业项目建设。

（6）推进城市面源污染治理。崇明在城镇污水处理率指标上的排名较低，需重点加强污水处理基础设施建设，包括合理建造污水处理厂、优化污水处理设施等，继续推进城镇化地区污水管网建设，建立完善的城镇污水处理体系。此外，要持续推进海绵城市建设，完善城市绿色生态基础设施功能，增加雨水调蓄模块，推广小型雨水收集、储存和处理系统，提高雨水资源利用水平。

（7）精细化管理碳排放，进一步改善空气质量。崇明空气质量指数应向长期表现良好的台州玉环市、漳州东山县看齐。对于崇明来说，一是要推进产业结构化调整，通过提高智能化水平降低单位GDP能耗，提高经济发展效率，减少废气排出。二是要大力推进使用新能源、清洁能源发电，利用人工智能程序，智能调控用电，提高电力利用效率。

第二篇

循环经济策略与崇明标杆

第五章

循环经济对崇明建设世界级生态岛的意义

高志文[1,2]，韩布兴[1,2]，何鸣元[1,2]，赵晨[1,2]
（1. 华东师范大学化学与分子工程学院；2. 崇明生态研究院）

5.1 崇明生态岛和循环经济

循环经济是一种以资源的高效利用和循环利用为核心，以"减量化、再利用、资源化"为原则，以低消耗、低排放、高效率为基本特征，符合可持续发展理念的经济增长模式，是对"大量生产、大量消费、大量废弃"的传统增长模式的根本变革。发展循环经济对保障国家资源安全，推动实现碳达峰、碳中和，促进生态文明建设具有重大意义。2021年，国家发展改革委印发《"十四五"循环经济发展规划》，明确指出发展循环经济是生态文明建设的内在要求。发展循环经济，对于保障国家资源安全、实现碳达峰、碳中和，促进生态文明建设意义重大。发展循环经济不仅可以变废为宝、化害为利，提高资源利用效率，还能有效改善环境质量，发展形成资源节约型、环境友好型的生产生活方式，有一举多得之效。建设生态文明、推动绿色低碳循环发展，不仅可以满足人民日益增长的优美生态环境需要，而且可以推动实现更高质量、更有效率、更加公平、更可持续、更为安全的发展。

崇明岛是中国第三大岛，是世界最大的河口冲积岛，约占上海全市总面积的1/5。崇明岛地处我国海岸带中段与长江口的交汇点，居于通江达海、连接南北的岛桥枢纽地位，是我国东部沿海与长江T形战略发展的汇聚点，具有独特的区位优势。由于对外交通条件的限制，崇明一直被当作上海的战略储备地，没有进行大规模开发活动，这使其生态资源得到比较好的保护，生态环境相对优越，被称为"上海最后一块真正的生态净土"。

"绿水青山就是金山银山""山水林田湖草是生命共同体"，习近平同志提出的生态文明观点，已成为统领经济、社会、环境的绿色发展观和系统治理观，是长江大保护战略的重要理论支撑。崇明坚持以习近平生态文明思想为指引，坚持"生态立岛、生态兴岛"，特别是2016年确立建设世界级生态岛目标以来，积极推进生态文明先行示范区建设。崇明自然资源禀赋优越，以上海市不到20%的面积，集中了全市近40%的生态资产、50%的生态服务功能价值。当前，崇明正积极推进长江经济带绿色发展示范建设，提出要践行"绿水青山就是金山银山"理念，探索生态产品价值实现机制与路径，为崇明绿色高质量发展提供新动能。

《崇明三岛总体规划（2005—2020年）》中明确关于崇明建设现代化生态岛区的总体目标，强调要以环境优先、生态优先为基本原则，将崇明岛定位为"上海可持续发展重要战略空间"，明确了"优化生态环境，培育生态农业，发展生态旅游，建设生态海岛"的总体目标。《崇明世界级生态岛发展"十三五"规划》中指出，"崇明作为最为珍贵、不可替代、面向未来的生态战略空间，是上海重要的生态屏障和21世纪实现更高水平、更高质量绿色发展的重要示范基地"。如何更好地利用好崇明岛上现有资源，实现岛内资源的可持续健康发展和循环发展对构建"生态+"目标具有显著的促进意义。《崇明世界级生态岛发展规划纲要（2021—2035年）》中则围绕"保持战略定力，提升发展品质，推动价值实现"三大发展原则，提出到2035年，将崇明世界级生态岛打造成绿色生态"桥头堡"、绿色生产"先行区"、绿色生活"示范地"，成为引领全国、影响全球的国家生态文明名片、长江绿色发展标杆、人民幸福生活典范，向世界展示"人与自然和谐共生"的建设范例。

5.2 崇明岛的循环产业布局建议

崇明岛位于长江入海口，地理位置优越，生态环境良好，自然资源丰富，是上海落实可持续发展的重要空间。根据崇明发展的总体定位，推行循环经济、发展生态产业、建设世界级生态岛是开发的主旋律。在崇明世界级生态岛的建设过程中，生态产品价值实现是破解发展与保护难题的重要途径。"十三五"时期，崇明深入贯彻习近平生态文明思想，认真落实党中央、国务院关于发展循环经济的战略部署，在资源产出率、固废综合利用、可再生资源利用等方面取得积极进展。崇明未来循环经济发展有利于发挥崇明生态标杆的示范作用，并且能进一步应用于长三角、长江流域甚至全国生态文明建设。

《崇明世界级生态岛发展规划纲要（2021—2035年）》指出新一阶段要继续贯彻习近平生态文明思想，牢固树立"绿水青山就是金山银山"理念，以高质量发展统筹全局，立足新发展阶段、贯彻新发展理念、构建新发展格局，坚持生态立岛不动摇，坚持生态优先、绿色发展，促进经济社会发展全面绿色转型，推动率先创建具有中国特色的生态产品价值实现体系，统筹好高水平保护和高质量发展。崇明循环经济已有产业主要体现在畜牧业和农业，如利用禽畜粪便产有机肥和沼气、农业秸秆还田等，其中，畜牧业经济循环处于较高的水平。崇明岛可进一步提高在塑料废弃物方面的综合利用水平，做好餐厨垃圾等再生资源产业与农林废弃物等农业方面的综合利用，以及做好双碳产业的综合开发。

根据崇明生态岛现有资源，循环经济着重从以下产业推进发展（图5-1）。

图5-1 崇明生态岛的产业发展建议

5.2.1 再生资源产业

再生资源指在社会生产和生活消费过程中产生的，已经失去原有全部或部分使用价值，经过回收、加工处理，能够重新获得使用价值的各种废弃物。发展再生资源产业能够实现各类废弃物的再利用和资源化。崇明生态岛以固体废弃物、厨余垃圾和废弃油脂等为再生重点，推进对回收垃圾的升级再造，使废弃物资源化成为绿色低碳循环发展的有力举措。崇明在可持续发展思想的指导下，通过再生资源产业将传统的"资源—产品—废弃物"的线性经济模式改造为"资源—产品—再生资源"的循环经济模式，减少对原生自然资源开采，注重资源循环利用，不仅把对自然生态系统的影响降低，而且能促进再生产业的发展。固体废弃物的合理处理与利用对发展崇明世界级生态岛循环经济具有重要的意义。以塑料废弃物为例，目前上海推行的废弃物分类的四分法，有利于对塑料废弃物进行化学回收。湿垃圾被分出来用作堆肥，或者进行厌氧发酵后产生沼气而被用作能源。湿垃圾被分出来后，不再去弄脏可回收垃圾，使得可回收垃圾获得更大的利用价值，进入循环经济的新模式中。崇明生态岛针对废弃塑料 PE（聚乙烯）与 PET（聚对苯二甲酸乙二醇酯）的循环经济产业则可进一步对废弃资源进行高值化利用。

5.2.2 畜牧业

畜牧业循环经济构建"资源—产品—再生资源—再生产品"的多级循环产业的模式，是优化畜牧业产业结构，合理利用资源、保护生态环境，推进畜牧业可持续发展的一种新的经济形态。积极利用畜禽固体粪便生产生物有机肥，克服大量使用化肥、农药带来的环境污染、生态破坏等弊端，有利于保护崇明生态环境，促进生态农业发展。同时粪污综合利用工程的建设，不仅可以实现能源化利用，也能从根本上解决崇明畜牧业的污染问题。畜禽粪污处理与综合资源化利用过程是一个有可持续性收益的良性循环过程。

畜禽养殖在未来较长一段时间内仍是崇明产业发展的重点之一，因此将畜禽养殖中产生的粪便资源化利用从而避免造成环境污染值得投入力量。崇明在规模化畜禽养殖上严格把关，建立了多个标准化畜禽养殖场及多套中小型生猪饲养户沼气设备，开展种养结合及沼气工程，但目前中小型畜禽养殖户多而分散，在此情形下未来崇明沼气工程仍有优化的空间：在未来应当加大力度引入社会化专业沼气运营公司，推进沼气工程，同时为沼气工程中所剩余的沼气寻找合适的利用手段，避免能源浪费，加快构建农业废弃物资源化利用闭环。

5.2.3 餐饮业

传统餐饮业发展模式是单向线性的发展模式，即在消费环节鼓励消费，但餐厨垃圾等直接填埋，资源的利用效率较低，容易产生大量浪费。在管理餐厨垃圾中贯彻发展循环经济的理念，不仅可以实现餐厨垃圾的再利用，减轻餐厨垃圾对环境造成的负荷，而且可以通过生物化学技术对其进行资源化处理，有利于促进崇明生态岛建设的可持续发展。

5.2.4 农业

农业循环经济秉承减量化、重复利用等原则，旨在推进农业资源利用节约化、废弃物资源化及经济活动生活化。作为现代农业先行区之一，崇明生态岛有丰富的农作物秸秆资源，对农作物秸秆资源予以综合利用，一方面可解决城市环境污染问题，改善城市生态环境；另一方面推动发展循环经济，增加农民收入，对促进崇明生态岛的建设具有十分重要的意义。农业经济会产生大量含生物质能的产品，加快发展可再生能源就要加大生物质能的利用强度，加强农作物秸秆、林业废弃物、沼气等生物质能利用，推进生物质能开发利用，探索实施生物质能源利用示范工程。崇明目前沼气生物质能的布局已经基本完善，但是对于农林废弃物的深加工和高值化利用还可进一步挖掘潜力。

5.2.5 "双碳"产业

循环经济是实现"双碳"目标的重要途径和战略举措，对推动工业绿色发展起着重要的作用。随着崇明产业结构的不断优化、绿色低碳产业的快速发展、绿色制造体系的逐步扩大，循环经济将能得到更快的发展，为实现"双碳"目标贡献力量。崇明在探索低碳/零碳建筑和交通技术、新型二氧化碳捕集利用技术、固碳及生态碳汇增汇技术等方面增加研发，推动绿色低碳重大科技攻关和推广应用。

根据崇明现状、发展目标和发展循环经济的意义，我们提出崇明循环经济发展的四大原则。原则一：尽可能优先选择低污染方案，原则二：循环产业收益优先，原则三：处理方式低成本优先，原则四：作为一个示范区域，采用最前沿的技术为未来大都市圈循环经济发展做示范标杆。在"十四五"期间崇明将以

第五章　循环经济对崇明建设世界级生态岛的意义

习近平新时代中国特色社会主义思想为指导，深入贯彻习近平生态文明思想，牢固树立"绿水青山就是金山银山"理念，巩固与加强循环经济的贯彻与执行，让崇明世界级生态岛成为彰显中国作为全球生态文明建设重要参与者、贡献者、引领者的重要窗口。

第六章

崇明塑料废弃物的综合利用

高志文[1,2]，刘洋洋[1,2]，田井清[1,2]，韩布兴[1,2]，何鸣元[1,2]，赵晨[1,2]
（1. 华东师范大学化学与分子工程学院；2. 崇明生态研究院）

随着世界经济的高速发展、城市化进程不断加快，固体废弃物特别是城市塑料垃圾的产生量在不断增加，对环境造成的污染也日益严重。塑料废弃物资源化处理是采取管理和工艺措施从塑料废弃物中回收物质和能源，创造经济价值的技术方法。在发展循环经济的过程中，最大限度地减少资源与能源的消耗，使其得到充分、有效的利用，同时将塑料中的有用资源最大限度地回收与综合利用，从而获得最大的经济效益，是最具质量的发展道路。在崇明世界级生态岛发展规划中，塑料废弃物资源化处理技术的应用及产业化具有广阔的开发前景。

"十四五"期间，崇明世界级生态岛将谋划对固体废弃物尤其是塑料废弃物的资源化处理，在保护环境的同时，有效利用现有资源，使传统意义上的环境污染物得到再利用，减少其他不可再生资源的使用，促进社会的可持续发展。

6.1 崇明塑料废弃物现状

上海市崇明区统计局发布的《崇明统计年鉴2021》[1]显示，2020年崇明区生活垃圾产生量为11.8万吨。崇明生活垃圾填埋场的进场垃圾组分见图6-1。其中，厨余垃圾占总量的50.4%，排名第二的塑料占比达到14.5%[2]。按照《崇明区生态环境保护"十四五"规划》的要求，到2025年将把生活垃圾回收利用率提高到

第六章 崇明塑料废弃物的综合利用

39.5%。塑料在生产生活中应用广泛，是重要的基础材料，给我们的社会经济生活带来了极大的便利。然而，因使用周期短，40%的塑料在1~2年后将转化为废塑料，食品包装塑料更是在2~6个月后就转化为废塑料。废塑料的自然降解性能差（图6-2）[3]，常用于包装的聚酯塑料（PET）与聚烯烃塑料[PE和聚丙烯（PP）]自然降解时间长达400~600年。如果后续的回收、处理不合理，不仅会造成能源的浪费，而且会加剧生态环境的污染，进而影响生态岛的建设进程。

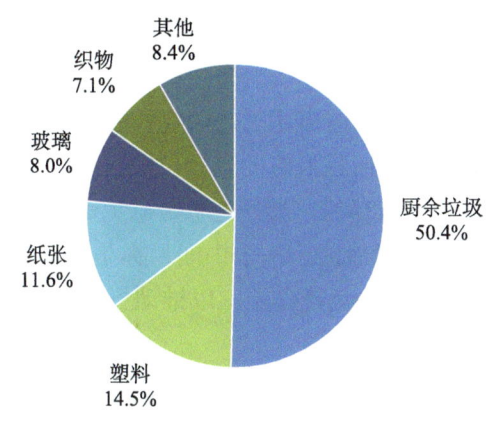

图6-1 崇明生活垃圾填埋场的垃圾组分

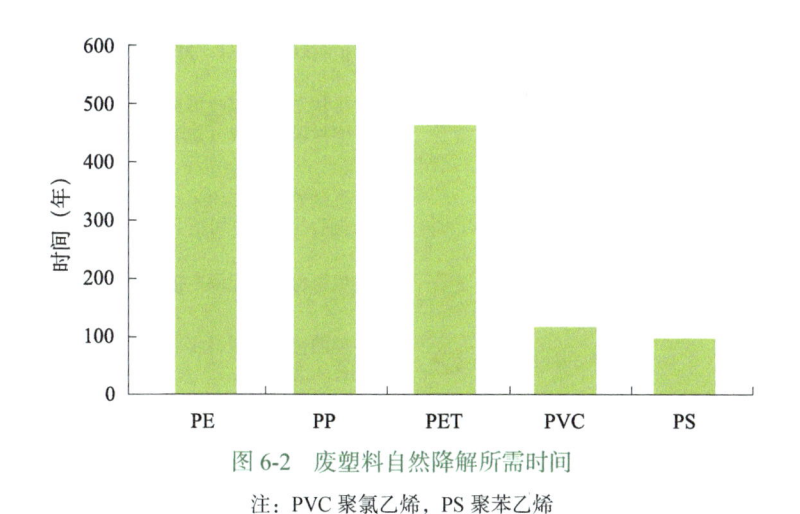

图6-2 废塑料自然降解所需时间

注：PVC 聚氯乙烯，PS 聚苯乙烯

根据2020年的数据计算，崇明岛内年塑料废弃物达1.71万吨。探索培育塑料废弃物利用的新业态和新模式有利于规范回收和循环利用，减少塑料污染；加强塑料废弃物分类回收清运，规范塑料废弃物资源化利用和无害化处置；开展塑料垃圾专项清理，在做好分类的基础上，升级利用这些碳氢资源对整个生态岛内经济循环十分重要。

6.2　塑料废弃物处理技术

6.2.1　当前塑料废弃物处理技术综述

塑料废弃物管理金字塔很好地描述了处理塑料废弃物的方法（图6-3）[4]。除减少源头生产，塑料的重复利用是最好的选择。塑料废弃物泄漏到环境中最不可取，而弃置在堆填区短期略微有利。当务之急是避免塑料废弃物进入环境尤其是海洋。对于已建立收集系统的地区，一个中间目标是设法减少垃圾填埋和焚烧，从而突出和扩大再循环和再生的关键作用，以推动更合理地处理塑料废弃物。

阻止和减少	• 在不必要的地方防止使用塑料 • 减少一次性和不必要的塑料和包装
重复使用	• 可重复使用塑料容器的生产 • 使用寿命长，利用率高
机械回收	• 高价值材料［如PET、PP、HDPE（高密度聚乙烯）］的闭环回路 • 对分拣技术或分离收集系统的要求高
化学回收/塑料再生	• 低价值材料的回收（如塑料混合物）
焚烧	• 通过燃烧塑料废弃物来回收能源 • 作为最后的资源，可能只适用于一个循环
填埋	• 应避免原材料的无限期损耗
遗弃到环境中	• 最糟糕的情况是塑料废弃物泄漏到环境中，最终进入海洋

图6-3　塑料废弃物管理金字塔

目前国内塑料废弃物的处理方式主要是机械回收、焚烧和填埋。

（1）机械回收。作为循环经济的一个支柱，机械回收不仅提供了一个可行的商业案例，而且通过减少原始塑料的使用和推动更大的循环，为社会和环境带来了显著的效益。在机械回收过程中，塑料废弃物被回收为二级原料，而不改变原料的基本结构。机械回收的过程包括研磨、洗涤、分离、干燥、再造粒和混合使用过的塑料，通常创建一个闭环系统。

（2）焚烧。焚烧发电不仅是一种低效率的能源生产方法，而且环境成本很高，产生空气颗粒物、有毒气体（如二噁英）和温室气体排放。同时，并不是所有的焚烧都会产生能量，一些垃圾被焚烧只是作为一种处理方式，因此焚烧这种处理方式并不可取。

（3）填埋。即使对视觉和环境造成伤害，但由于经济成本低，尤其是在空间充裕的地区，垃圾填埋场也仍然很受欢迎。垃圾填埋场需要的用地面积是垃圾焚烧厂的15～20倍。

除了上述几种塑料废弃物的处理方式，一些新的化学回收技术正在出现，广义地称为塑料再生，目的是解决材料组成的限制及机械回收过程中的问题。单体回收被认为是一种可循环的方法，因为它逆转了塑料的化学成分，将它们转化为原料，创造出与原始塑料废弃物相同等级和类型的塑料。此外也可以通过各种技术将塑料废弃物转化为燃料或石化原料，其中最常见的是热解和催化裂解。热解是利用热量在无氧（或缺氧）环境中分解物质，因此几乎不会排放造成温室效应的CO_2，产出的是合成石油和天然气，它们比煤具有更大的能源价值，可有多种用途。热解的一大原料是没有回收价值的塑料（如购物袋、包装材料），这些塑料废弃物通常被直接填埋或燃烧或弃置（最坏的情况）；而且，机械回收通常会拒绝这些类型的塑料（主要是PE）。因此，塑料再生利用的转化技术填补了目前塑料垃圾处理领域的空白。

虽然热解和催化热解需要消耗能量，但它是在无氧环境中进行的。因此，它的碳足迹比焚烧要小得多。根据不同的投入组合，热解的产出中70%～80%是烃类、10%～15%是天然气，通常被回收来提供热解所需能量。只有10%～15%的产出是焦炭，这是一种惰性固体，通常被再循环用于道路铺设或送往垃圾填埋场。同时，热解产生的液体可作为燃料或石化工厂的原料。在过去的20年里，一些公司已经尝试将热解作为一种盈利的方式，将不可回收的塑料转化为燃料。2000年，Klean工业公司和Toshiba公司在日本Sapporo建立了一个热解工厂，日产量40～50吨；每年生产约900万升轻油（用作化学原料）和中等燃料油（如柴油），以及每年产生约400万瓦的电力[4]。BP和RES Polyflow在美国印第安纳州建设了一个每年处理10万吨塑料的热解工厂（2020年8月完工），而BP计划购买该工厂生产的所有柴油。2018年，未名生物工程集团公司与加拿大固废资源利用领域的知名企业Enerkem公司展开合作，预期在2035年前在我国建设100多座塑料垃圾热解处理工厂，实现塑料垃圾的高效深度利用。

热解技术的价值何在？虽然其目前在中国的普及度不高，但从全球来看，垃圾热解并非冷门技术。比较多地将这一工艺应用于垃圾处理的地区是日本和北美。热解技术有着无害化程度高、占地面积小的优点，但存在技术难度高、处理量低的缺点。在国土面积狭小的日本，应用热解技术无疑是为了最大程度地节约土地，而在土地并不紧张的北美，这一工艺则更多的是对不能通过主流途径——堆肥处置的垃圾进行处理的补充。热解技术优势在于如下几点：①进一步减小占地面积，②更深度地无害化处理，③减少二噁英排放风险，④产物具有更高的经济价值，经济效益更高。

通常来说，对于人口密集、经济发达、土地资源稀缺的大中城市，优先选择垃圾焚烧方式处理塑料废弃物。2021年10月初，历经两年建设的崇明固废处理中心二期项目正式投入运行。该中心改变崇明岛过去简单的填埋处理，成为崇明区唯一的集固废焚烧、固废填埋、危废填埋、餐厨处理于一体的固废末端处置单位，两条焚烧处置线年处置量16.6万吨，每年可向崇明电网提供电能约0.48亿度，可满足3万户家庭年用电需求。但是，根据崇明岛固体废弃物的组成状况和焚烧产物造成环境影响的考虑，从垃圾的减量化、资源化总体目标出发，崇明岛的固体塑料垃圾处置需要进一步以资源化升级利用为主，裂解生产燃料油和化工原料。

6.2.2 废弃PE与CO_2共转化的技术研发和产业转化

实际上，废弃聚烯烃塑料是一个巨大的碳和氢源池。催化热解升级利用这些高密度聚烯烃聚合物已成为塑料管理、向上循环和再利用的一个新兴研究方向。PE是最常用的塑料，由于其回收时经济价值较低，因此市场化难度较大。但上海实行垃圾分类管理，使得PE的升级利用具有了非常大的前景。

华东师范大学以塑料垃圾中占比最高的PE为原料，开发新的升级利用技术，可将PE在无氢气、无溶剂、中温条件下和CO_2共转化为低碳烯烃、液体燃料和芳烃等，可用作燃料添加剂或生产下游化学品，实现崇明岛内燃料的自我供给，减少崇明岛内石油等化石能源的外购，可以实现塑料垃圾的资源化利用。同时在此技术过程中转化大量CO_2，降低碳排放，从而实现崇明生态岛经济循环的现实目标，如图6-4所示。

第六章 崇明塑料废弃物的综合利用

图 6-4 废弃 PE 与 CO_2 共转化及其综合利用

注：图中塑料循环标识中 2 和 4 分别代表高密度聚乙烯（HDPE）和低密度聚乙烯（LDPE），BTX 是苯、甲苯、二甲苯

按 2020 年的数据计算，崇明岛内年塑料废弃物量达 1.71 万吨。崇明岛内 PE 的占比按 35% 计算，通过实验室最新的转化技术从 PE 中升级回收碳和氢可实现年产 4200 吨的化学品，同时在此过程中消耗 400 吨 CO_2。由于催化剂具有高活性、稳定性和可循环性，按催化剂与废弃塑料的质量投料比为 1∶10，岛内塑料日产量 37 吨和催化剂再生时间 5 小时来算，需要较少的催化剂，约为 2 吨。因此，可以实施循环解决方案，以最有效的方式利用塑料废弃物并实现更高的价值。同时，为了解决塑料废弃物这一巨大的社会和环境问题，需要私营和公共部门以及整个社会做出相应的努力。

6.2.3 废弃 PET 的技术研发和产业转化

PET 是由对苯二甲酸与乙二醇缩聚而成的热塑性聚酯材料。其凭借质量轻、强度高、阻隔保鲜效果好、耐气候老化性好、携带方便及市场价格低廉的优点而成为目前市面上最常用的消费塑料之一，在水、饮料及食品包装领域得到广泛应用。然而，大部分 PET 制品都是一次性消费品，是最难回收利用的塑料之一，即难以通过热熔或者溶液处理进行资源化或者再成型循环利用，导致从纺织和包装行业中，向陆地与海洋输入了大量的 PET 废料。

目前，除填埋、焚烧及机械回收外，PET 还可通过化学回收方法进行处理。化学循环利用 PET 遵循可持续发展的策略，将 PET 作为前体来生产各种高附加值产品。PET 的化学解聚方法包含水解法、醇解法、氨解法等[5]。其中水解法的工艺简单易行且反应温度低，但反应速率慢。醇解法中的糖醇解和甲醇醇解法是当前 PET 最主要的工业解聚方法，其工艺相对复杂但降解所得产物单体收率高、纯度高且质量稳定。氨解法也是有竞争力的新技术，得到的产物——对苯二甲酰胺可以经过聚合得到聚氨酯等材料，但工艺复杂，产品提纯步骤较为烦琐。此外PET 降解产物可通过加氢反应制备更高附加值产品使其得到最大化利用，如甲醇醇解后产物——对苯二甲酸二甲酯中间体可以通过绿色加氢工艺制备崇明岛上所需的汽油、乙二醇补给，以及制备 1,4- 环己烷二甲醇等再经聚合得到高质量塑料产品。崇明岛废弃塑料 PET 的升级再造如图 6-5 所示。

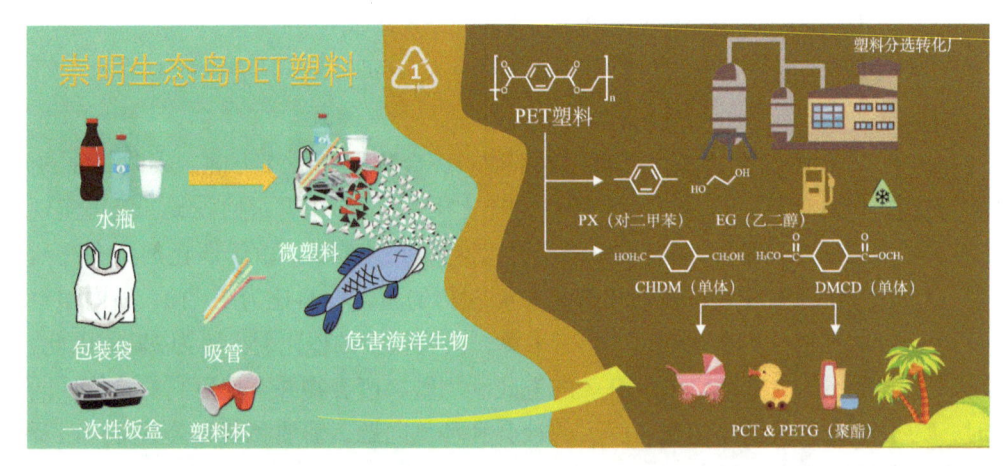

图 6-5　崇明岛废弃塑料 PET 的升级再造

注：图中塑料循环标识中 1 代表聚对苯二甲酸乙二醇酯

（1）以 PET 为前体制备崇明岛所需汽油和汽车防冻液补给。

以废弃 PET 为原料，将其转化为重要的能源载体，在处理塑料垃圾的同时，也能在一定程度上解决当地的能源需求问题。华东师范大学赵晨课题组提供了一种在无氢条件下绿色处理 PET 的全新有效方法。他们采用一锅法使得整个工艺高度集成，而且价格低廉的非贵金属铜基催化剂工艺环保，可以快速高效地将废弃PET 完全转化为稳定的目标产物乙二醇和对二甲苯，作为海岛上汽车防冻液以及汽油补给。其中醇类溶剂可循环利用而无其余气固液污染物[6-7]。该体系同样适合崇明绿色循环体系，在原有的焚烧处理基础上，进一步将处理过程与处理产物绿色化，在解决崇明塑料废弃物污染的同时补充重要的液态车用能源。

（2）以 PET 为前体制备 1,4- 环己烷二甲酸二甲酯重要化工原料。

以 PET 醇解产物对苯二甲酸二甲酯为原料，对苯环进行选择性加氢反应制备得到的 1,4- 环己烷二甲酸二甲酯是一种重要的有机中间体，可以作为聚合物的改性材料。由 1,4- 环己烷二甲酸二甲酯和另一化工单体 1,4- 环己烷二甲醇合成的高性能聚酯热稳定性和化学稳定性好，不含苯环又无毒，是一种绿色环保材料。其中，聚对苯二甲酸 1,4- 环己烷二甲醇酯（PCT）、聚对苯二甲酸乙二醇环己烷二甲醇（PETG）、共聚聚酯（PCTA）等是近年来安全环保产品的升级，广泛地用于食品和饮料包装、童车、玩具、器皿等。因此，对 PET 醇解单体转化为 1,4- 环己烷二甲酸二甲酯的研究和发展不仅可以有效解决塑料废弃物问题，还将有效地改善国民食品包装及高质量塑料用品的安全问题。

（3）以 PET 为前体制备 1,4- 环己烷二甲醇重要化工原料。

现代聚酯工业，尤其是涂料、合成纤维、合成橡胶等材料的生产过程中，1,4- 环己烷二甲醇作为一种性能优异的交联分子，可明显提升产品的热稳定性、适应性及物理强度。国内外众多生产厂家和研究机构围绕 1,4- 环己烷二甲醇进行了多种努力和尝试。截至目前，通过对 PET 醇解单体对苯二甲酸的苯环和酯基进行两步选择性加氢转化过程制取 1,4- 环己烷二甲醇过程取得大规模工业应用。但目前普遍存在贵金属负载量高、反应压力和反应温度高等工艺问题。亟待开发新的高效催化材料，以助力工艺技术革新，并有效降低经济成本。

目前有关 PET 解聚与升级再造已有部分技术，然而回收转化方法的经济可行性对其将来实际应用具有决定性作用。提高 PET 降解回收利用效率的同时降低工艺成本，并实现大规模工业化生产对崇明说仍是一个巨大的挑战。未来简化反应工艺、提高反应效率、提高产物附加值等方面都是废弃 PET 领域主要的研究方向和机会。

6.3 崇明创建"无废"城市展望

固体废弃物的合理处理与利用对发展崇明世界级生态岛循环经济具有重要的意义。以固体废弃物塑料为例，目前上海推行的废弃物分类的四分法，有利于对塑料废弃物进行化学回收。崇明生态岛在对废弃 PE 与 PET 的循环经济上可以依照以下模式进行产业化转化，其中塑料裂解为燃料油的方案，因为燃油可以在崇明本岛消耗而最有利于发展崇明循环经济。

1. 塑料分选厂+绿色催化热解厂（图6-6）

将可回收垃圾经过分选设备，分选出可回收垃圾中占比最高的PE，将PE在无氢气、无溶剂、相对低温和CO_2气氛下转化为液体芳烃产品。其可以用作燃料添加剂等，不仅可以实现塑料垃圾的资源化利用，减少石油等化石能源的使用，而且在此技术过程中将CO_2转化，降低碳排放，实现崇明生态岛经济循环目标。

图6-6 塑料分选厂+绿色催化热解厂转化废弃PE和CO_2为汽油添加剂

2. 塑料分选厂+绿色化学降解厂（图6-7）

将可回收垃圾经过分选设备分选，分选出可回收垃圾中的高价值塑料做物理回收，混合低值废塑料PET做化学回收，经过醇解、水解等工艺生成对苯二甲酸、对苯二甲酸二甲酯及对苯二甲醇乙二醇酯等塑料原料作回收再造。对低值塑料垃圾进行单独处理具有积极意义，在减少焚烧厂的处理量、降低有害气体排放的同时，通过化学回收处理塑料垃圾获得塑料单体，进行再造。

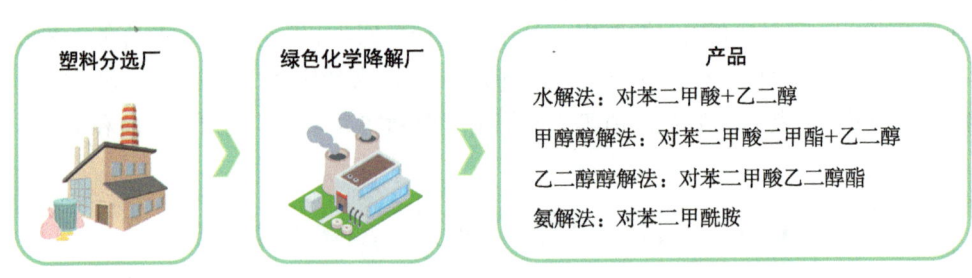

图6-7 塑料分选厂+绿色化学降解厂转化废弃塑料PET为聚酯单体

3. 塑料分选厂+绿色催化转化厂（图6-8）

将可回收垃圾经过分选设备分选，分选出其中的低值废塑料PET，进入化学回收设备，通过绿色催化体系，生成崇明岛可用汽油（对二甲苯）以及防冻液（乙二醇）储备。或生成高附加值化工中间体1,4-环己烷二甲酸二甲酯及1,4-环己烷二甲醇，再经聚合生产 PCT、PETG、PCTA 环保型塑料，实现对低值废塑料 PET 的升级再造。

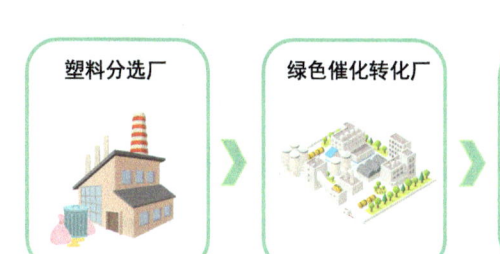

图 6-8　塑料分选厂 + 绿色催化转化厂转化废弃塑料 PET 为燃料和化学品

如果采取以上三种模式，接近一半的塑料废弃物将实现从焚烧向资源化过渡。"十四五"期间，崇明将在现代新农业、海洋新智造、生态新文旅、活力新康养、绿色新科技等"五新经济"建设的同时，着力铸造"无废城市"。着力把崇明岛（本岛）、长兴岛、横沙岛分别建成碳中和岛、低碳岛、零碳岛。遵循"减量化、再利用、资源化"原则，推进资源节约集约利用，全面提高资源利用效率，提升再生资源利用水平，构建资源循环型产业体系，努力实现固体废弃物近零填埋。在此基础上，崇明世界级生态岛将进一步全力建设绿色循环经济体系，做好绿色循环转化改革，争取创建"无废城市"。

本章参考文献

［1］上海市崇明区统计局. 崇明统计年鉴 2021［M］. 北京：中国统计出版社.

［2］余召辉. 崇明生活垃圾填埋场填埋气产量估算及利用途径分析［J］. 环境卫生工程，2016，24（2）：20-24.

［3］薛兴财，汪世录，巨克兰. 塑料垃圾资源化处理综述［J］. 青海科技，2022，29（1）：113-118.

［4］Boston Consulting Group. A circular solution to plastic waste［J/OL］. https://www.bcg.com/publications/2019/plastic-waste-circular-solution［2019-12-30］.

［5］Barnard E，Arias J J R，Thielemans W. Chemolytic depolymerisation of PET：a review［J］. Green Chem，2021，23：3765-3789.

［6］赵晨，高志文，田井清. 一种从 PET 塑料制备汽油和防冻液的方法［P］. 中国专利，申请号：202010248576.5

［7］Gao Z W，Ma B，Chen S，et al. Converting waste PET plastics into automobile fuel and antifreeze components［J］. Nat Commun，2022，13：3343.

第七章

崇明畜禽粪便资源化利用

雷淑桃[1,2]，郎雪玲[1,2]，韩布兴[1,2]，何鸣元[1,2]，赵晨[1,2]
（1. 华东师范大学化学与分子工程学院；2. 崇明生态研究院）

上海市发布了《崇明世界级生态岛发展"十三五"规划》，指出以"生态崇明、美丽崇明、幸福崇明"为目标建设世界级生态岛，明确提出在崇明生态岛建设过程中，要把生态保护和环境建设放在更加突出的位置，全面打造美丽幸福、宜居宜业宜游的生态绿地新崇明，奋力谱写生态优先、绿色发展新篇章，让绿色成为人民城市建设的美丽底色，其中也充分体现了响应国务院办公厅《关于加快推进畜禽养殖废弃物资源化利用的意见》的号召。自古以来，农业生产便是崇明生产生活中重要的内容。如今，崇明全面发展农业农村现代化的新模式，这就要求实现绿色化生产。畜牧业发展过程中产生的粪尿如果不及时处理会对环境和人体造成危害，如何解决粪便环境污染问题及合理资源化利用畜禽粪便从而加快推进崇明畜牧业转型升级值得思考。

7.1 崇明区畜禽养殖情况及粪尿污染现状

作为现代农业先行区之一，上海崇明地处东海之滨、长江入海口，自古以来凭借着优越的地理位置以及特定的水土资源成为农业大县。在科技和工业发展迅速的今天，农业仍在崇明经济中占据一席之地。上海市政府印发《崇明世界级生态岛发展规划纲要（2021—2035年）》，要求崇明持续壮大绿色新农业，搭建农业科创功能性平台，发展特色种源产业，做强农业品牌，做精数字农业，打造绿色农业高地。在此纲要指导下，沙乌头猪、白山羊等一些崇明特色品牌畜禽逐渐恢复养殖，从图7-1中可以看到2011～2017年崇明区畜禽养殖产业产值占农业总产值的比例均超过15%，其中2013年崇明区的农业总产值超过61亿元，而畜禽养殖产业产值高达10.4亿元，占农业总产值的比例超过17%。近几年畜禽养殖产业产值有所下降，农业总产值除2018年外，总体呈现下降趋势，因此，加快推进崇明畜禽养殖产业绿色发展，从而促进农业发展，这不仅事关崇明经济发展、农民增收，更是世界级生态岛发展的重要一环。

图 7-1　2011～2020 年崇明畜禽养殖产业产值情况

崇明畜禽养殖以饲养猪、牛、羊及禽类（鸡、鸭）为主。付侃等[1]对崇明区全部规模化畜禽场进行实地摸排并对非规模化养殖户进行问卷调查。调研结果显示，截至2017年底，崇明区共有88家规模化的养殖场。全年饲养生猪数量为40.23万头，奶牛数量为1.92万头，蛋鸡的数量为3万羽，而肉鸡的数量达到了45.8万羽。除此之外，崇明区还有许多的非规模化的畜禽养殖户，共养殖生猪12.43万头，肉鸡45.3万羽，肉牛585头及肉羊8.8万头。将畜禽养殖折算为标准猪，2017年崇明区标准猪的养殖量为98.2万头。如此规模的畜禽养殖，在养殖的过程中会产生非常多的粪尿废物。根据崇明区畜禽的总养殖量及各类畜禽粪尿日产生系数，计算得到2017年各乡镇畜禽的粪便和尿液的产生量，如表7-1

所示。从表中可知 2017 年崇明共产生畜禽粪便 61.3 万吨，尿液 71.6 万吨。

表 7-1　2017 年崇明各乡镇生猪、肉牛、肉羊及禽类粪尿量　（单位：万吨）

乡镇	生猪 粪便	生猪 尿液	禽类粪便	肉牛 粪便	肉牛 尿液	肉羊 粪便	合计 粪便	合计 尿液
东平镇	72 624	119 830	19 007	54 093	27 047	1 540	147 264	147 389
新海镇	40 719	67 187	1 731	48 107	24 054	991	91 548	91 571
庙镇	65 423	107 947	4 058	3 548	1 774	7 101	80 129	112 088
新河镇	53 156	87 708	2 438	29	15	4 615	60 238	89 261
中兴镇	10 420	17 193	912	24 455	12 228	4 556	40 343	29 421
三星镇	29 527	48 720	825	0	0	2 035	32 387	49 398
竖新镇	24 481	40 394	2 064	0	0	3 393	29 938	41 525
港沿镇	19 896	32 829	3 129	124	62	3 628	26 777	34 100
城桥镇	15 242	25 150	791	8 855	4 427	1 745	26 634	30 159
新村乡	14 380	23 726	81	190	95	1 150	15 801	24 205
港西镇	11 668	5 701	1 006	139	69	2 659	15 471	6 656
向化镇	6 744	11 127	1 685	0	0	4 060	12 488	12 480
陈家镇	1 724	2 845	1 466	3 380	1 690	3 484	10 054	5 696
堡镇	459	23 110	1 372	0	0	4 229	9 659	24 519
绿华镇	5 928	9 781	31	1 124	562	363	7 445	10 464
建设镇	2 879	4 751	966	37	18	2 843	6 725	5 716
横沙乡	557	920	0	0	0	0	557	920
合计	379 427	628 917	41 561	144 081	72 041	48 392	613 458	715 568

结合畜禽粪便排放总量、饲养期及畜禽数目，按照公式 $q=Q/S$（Q 为畜禽粪尿相当猪粪总量，S 为有效耕地面积）和公式 $r=q/p$（p 为农田以猪粪当量计算的有机肥最大适宜施用量）计算可知农田负荷量（q）和畜禽粪便污染负荷警报值（r）。2017 年崇明各乡镇畜禽粪便总量、农田负荷量及畜禽粪便污染负荷警报值如图 7-2 和图 7-3 所示。总体上崇明区各乡镇农田的畜禽粪便污染负荷警报值小于 0.4，这表明理论上崇明畜禽粪便污染仍在农田能够承载的范围内，但从调查

中发现部分养殖场存在粪便外溢、周围河道发黑变臭及还田不规范等问题，对环境影响较大。

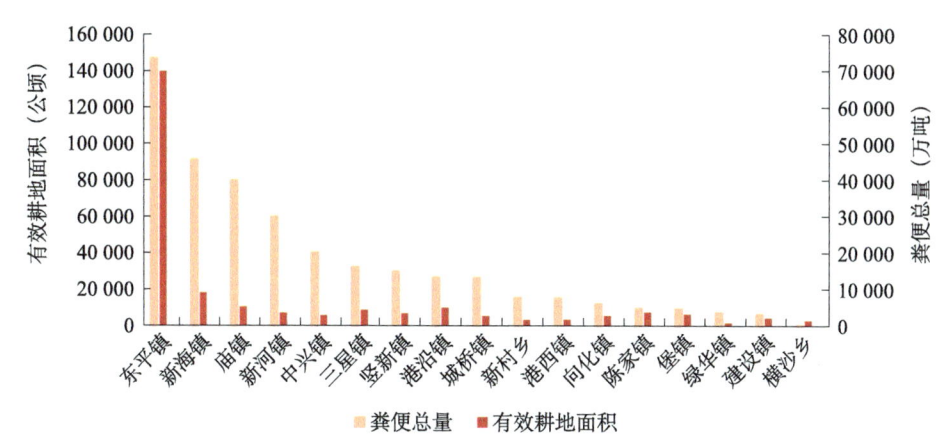

图 7-2　2017 年崇明各乡镇畜禽粪便总量和有效耕地面积分布

图 7-3　2017 年崇明各乡镇农田负荷量及畜禽粪便污染负荷警报值

另外，根据《崇明统计年鉴 2021》可知，崇明区 2020 年的生猪存栏量约为 10.8 万头，肉猪出栏 5.1 万头。家禽存栏约 110.2 万羽，出栏 179.4 万羽，出栏同比增长 8.1%。鲜蛋产量 4396 吨，与上年基本持平。奶牛存栏约 4131 头，同比增长 26%，因新冠疫情影响，奶牛进口牧草受阻，鲜奶产量为 13 188 吨，同比下降 4.2%。白山羊存栏约 9.5 万头，出栏 9.8 万头。全区畜牧业产值约 6.6 亿元。这些数字表明 2020 年崇明畜禽养殖数量巨大，养殖过程中产生数吨的粪便废弃物，如果不加以妥善处理会对环境造成严重的威胁。

近年来，随着市场需求增加及畜禽业规模结构的合理化，崇明畜禽养殖也在大幅度扩张，与此同时，畜禽养殖所产生的粪尿也随之增加。然而在科技及社会迅速发展的今天，原先作为肥料的畜禽粪便逐渐被化肥所替代，导致大量的粪肥无法得到合理的利用。同时由于畜禽粪便成分复杂且含有少量的重金属，粪肥的堆积会对环境造成污染，进而严重影响崇明农业的发展，因此如何实现畜禽粪便的合理资源化利用是目前崇明亟须解决的问题之一。

7.2 畜禽粪尿产生的危害

畜禽种类不同，粪尿中的成分也存在一定的差异，但大多数畜禽粪尿中除了含有一定的营养成分，还含有有害和一些有毒物质。比如，粪便在没有经过任何处理时会散发出异味，粪便主要由有机质、水分以及磷、氮、硫、钙等元素组成，这些成分在空气中分解可能会产生一些对环境以及人体有害的物质[2]。

首先，在畜禽粪尿中存在一定量的铵离子及磷元素，在经过微生物分解转化为硝酸盐后渗入地下水中，会造成水体的富营养化，水体的富营养化会对环境及人体健康、鱼类及海滩造成一定的危害，也会造成水质下降，影响农村自然环境及破坏饮用水质量。除了对水源存在一定的危害，畜禽体内存在着许多的微生物，在经过消化道后随粪便排出体外，若不对粪便进行处理就使用的话，一些病菌及有害微生物就会成为传染源，不仅影响畜禽健康甚至也会危害人体健康。其次，畜禽粪便还含有大量的吲哚、硫化氢物质，这些物质具有强烈臭味，倘若人长期处于这种环境中呼吸系统健康会受影响，造成支气管炎、哮喘等疾病及头晕、头痛等。尽管畜禽粪便中含有一些对农作物生长有利的物质，但在最近的农业研究中发现，由于在养殖动物的化工饲料中含有一定比例的抗生素，因此在畜禽粪尿中存在一定量的抗生素，会对土壤生态系统造成一定的负面影响，比如土壤板结、土壤透水透气性下降，甚至使土地失去生产价值。除此之外，动物粪便的不当存储、运输及使用的过程中可能会产生大量的氨气及少量的甲烷气体，这也会加剧全球变暖[2-3]。

畜禽粪便废弃物对环境及人体存在一定的威胁，但也含有许多有用的成分，因此，如何将这些资源进行合理化的利用值得我们思考。

7.3 畜禽粪便资源化利用方式

7.3.1 堆肥化

目前畜禽粪便资源化利用的方式主要包括堆肥化和沼气发电两种。畜禽粪便中含有有机化合物及少量矿物质，可以提升土壤的肥力，若借助畜禽粪便来提高农田肥力，可以有效改善土壤的成分及结构，进而提高农作物的产量。对畜禽粪便进行堆肥化处理是常用的无害资源化处理畜禽粪便的方式，在干燥或者高温的条件下利用微生物分解来改善发酵物的物理性质。利用微生物分解发酵粪便不仅可以减轻畜禽粪便中的恶臭气味，同时也可以加快粪便中有机物的分解速度，可以促进堆肥材料的腐熟从而缩短堆肥周期，有着一定的应用价值。但微生物群体受环境影响较大，温度以及pH影响着微生物的活性，若要使微生物充分发挥作用，需要在合适的条件下进行分解发酵[2-4]。

7.3.2 沼气发电

除了堆肥法，畜禽粪便也可用于沼气发电，这是一种优异的畜禽粪便资源化利用方式。原理是利用厌氧发酵技术产生沼气。因为畜禽粪便中含有大量的能量，将畜禽粪便先进行预处理后提前发酵，再将预发酵的粪便汇集到沼气池中进行深度发酵可以形成可燃烧的沼气，沼气经燃烧后推动发电设备便可以产生电能。在这个过程中，不仅可以有效保留粪便中的养分还可以提供清洁的沼气能源。这一方法可以减轻畜禽粪便对环境的污染，同时具有良好的经济效益。为了节省运输成本，该类沼气发电站一般都毗邻养殖场而建，畜禽养殖所产生的粪便则可以就近运送到沼气发电站进行厌氧发酵等相应的处理。沼气发电所产生的电能可以供给居民用电，或者供给当地大型的养殖场，实现养殖场与发电站的合作[4]。

7.3.3 饲料化

除了这两种做法，还可以将畜禽粪便进行饲料化再利用。在畜禽的粪便中存在大量未消化的蛋白质及碳水化合物，如鸡粪中的粗蛋白经过精加工后可以饲喂猪、牛等[4]。但由于畜禽粪便中含有大量的病原体微生物，可能会造成畜禽交叉感染，因此，目前许多国家并不支持将粪便用作饲料。

7.4 崇明畜禽粪便资源化利用的现状及案例

为贯彻落实国家关于推进畜禽养殖废弃物资源化利用的意见，上海也制定了一系列实施方案，旨在进一步改善本市农村居民的生活生产环境，同时也能加快推进畜牧业转型升级。早在2010年，上海市已经颁布《崇明生态岛建设纲要（2010—2020）》，明确提出崇明生态岛在建设的过程中要把生态保护和环境建设置于重要的位置，作为上海农业的主要产区，为实现建设"生态崇明、美丽崇明、幸福崇明"的目标，如何合理有效利用畜禽养殖中的粪便废弃物同时防止其污染环境便成为崇明生态岛发展过程中重要的一点。

7.4.1 崇明畜禽粪便资源化利用的现状

崇明区陆域总面积为1413千米^2，气候湿润，常年日照充足，雨水充沛，拥有独特的地理条件，为水稻、水果及其他农作物的种植创造了得天独厚的条件，造就了崇明农业的发展。由表7-2可知，2015～2020年崇明区稻谷种植面积较大，在2020年仍有17 976公顷，瓜果蔬菜的种植面积也较为平稳。同样，崇明的畜牧业发展趋势也较好，2020年的生猪存栏量约为10.8万头，肉猪出栏5.1万头；家禽存栏约110.2万羽，出栏179.4万羽，这些畜禽的养殖将会产生数量巨大的粪便。由于崇明三面环江一面临海，结合这一地势特点，若将畜禽养殖所产生的粪便进行堆肥化处理后用作水稻、玉米、蔬菜以及水果种植业的肥料，则可以实现岛内资源的循环利用，但用作肥料并不能将这些畜禽粪便完全利用。

表7-2　2015～2020年崇明稻谷、玉米等农作物种植面积　（单位：公顷）

作物品种	2015年	2016年	2017年	2018年	2019年	2020年
稻谷	21 037	20 320	19 723	18 363	18 213	17 976
玉米	3 331	3 057	2 335	1 808	1 497	1 156
蔬菜	30 767	30 612	29 528	27 340	24 450	26 228
瓜果	994	507	382	274	385	461

崇明区的畜禽养殖包括农村散养、中小型养殖户及规模养殖场三种类型，在起初布局规模化畜禽养殖场时未能充分考虑到种养结合，而非规模化的养殖户中普遍存在设施简陋、粪便资源利用率低等问题，这些未处理的畜禽粪便均会对环

境造成一定的污染。

为了改善崇明居民的生产和生活环境，同时贯彻国家以及上海市关于畜禽粪便资源化利用的思想，按照《崇明世界级生态岛发展"十三五"规划》，崇明依照上海郊区农作物种植类型与制度，土壤类型及其氮磷养分含量和上海地区地理气候特点等，应用畜禽粪尿生态还田技术，使畜禽粪尿生态还田实现充分资源化利用，发挥其特有的社会效益及环境效益。本着"以人为本"的态度，崇明在考虑方便生态还田运行管理的基础上，建立健全涵盖技术标准、管理标准和工作标准的综合标准，采用"种养结合"循环性物质综合利用，将养猪场与周边农田紧密结合的生态农业示范模式，实现种养结合生态农业的目标：将养猪场所产生的粪尿资源化还田利用改善土壤的结构，提升农产品品质，除此之外可以减少周边农田化肥用量，实现养猪场的清洁化生产，在保护环境的同时也可以降低种植业的生产成本，发展生态循环经济，推动生态有机农业发展（图7-4）。

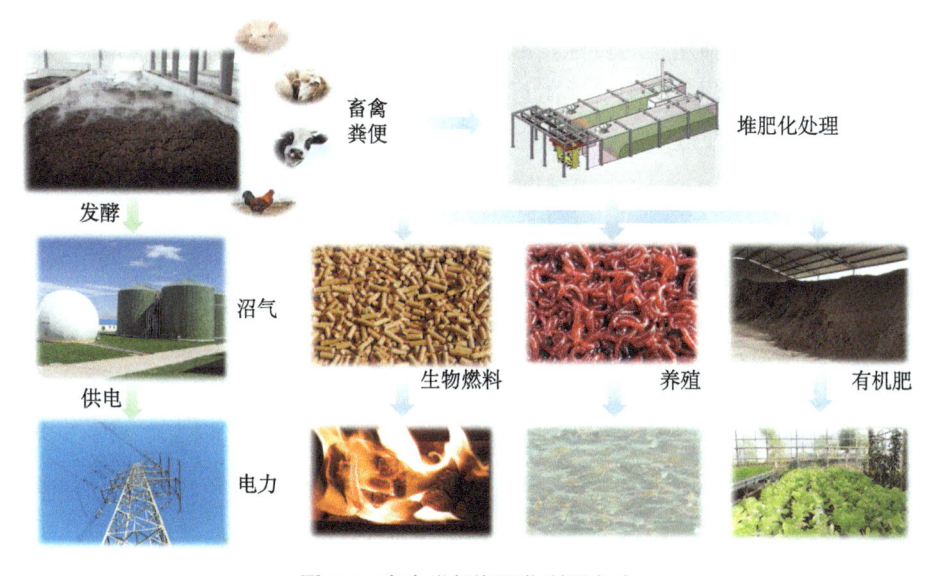

图 7-4 畜禽粪便资源化利用方式

7.4.2 崇明畜禽粪便转化为沼气、有机肥的具体实施案例

7.4.2.1 畜禽粪便资源化利用——案例 1

除了种养结合项目，目前崇明也开始实施畜禽粪便集中处理沼气工程，在同济大学与上海林海生态技术股份有限公司创建"农业废弃物制沼、制肥片区处理

利用"模式的基础上，以户、村为单元，收集村里养殖户的畜禽粪尿，在中心位置集中建设规模化的沼气工程，先将收集好的畜禽粪便运输至附近的集中点，后续进入沼气发酵池中发酵处理，所产沼气通过管道直接供应周边居民，沼液、沼渣就近还田，做到集中收集、发酵、供气发电及沼渣还田。这就要求沼气工程选址符合畜牧发展区域规划，同时需要在交通便利的地方，并在该区域的周围建造规模化的蔬菜种植园地，能够接纳沼渣和沼液。在政府的支持和居民的合作下，也有不少成功实施案例。

本章以崇明竖新镇大东村生猪粪便片区集中处理沼气工程为例（图 7-5）。2011 年该沼气工程设立，收集大垌村、新南村和马路村的 11 家小型养殖场的生猪粪便，发酵池的容量可达 600 立方米，每年沼气产量近 20 万立方米，为周边居民提供清洁能源，同时年产数百吨的有机肥料供给还田面积 440 亩①。该模式通过建立区域畜禽粪便收集处理中心，将该区域范围内的中小型分散养殖场（户）畜禽粪便收集起来再进行集中处理，可以实现畜禽粪便"统一收集，集中处理，社会化服务，综合利用"的目标。不仅解决了中小型分散畜禽养殖场畜禽粪便难以治理和监管的难题，使沼气池附近村镇养殖污染得到根治，同时也实现废弃物的循环再利用，将种植业和养殖业生态系统有机结合[5]。

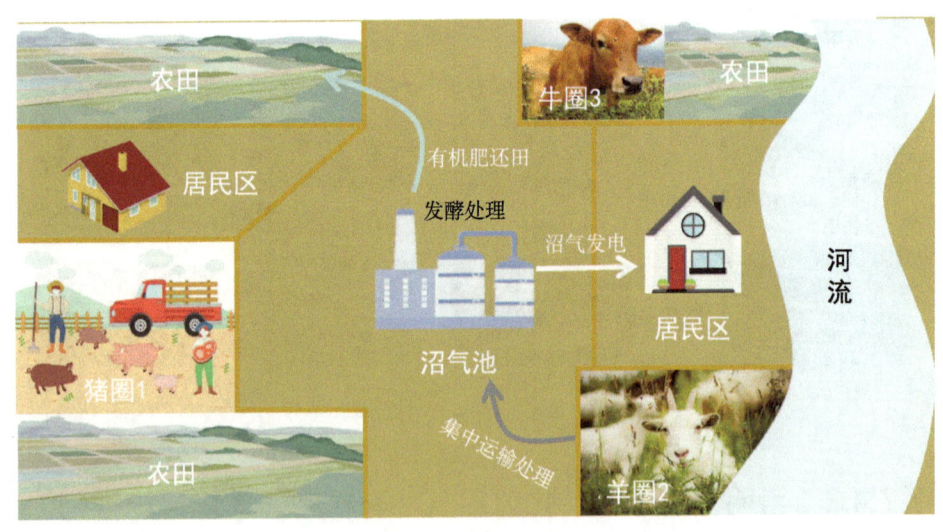

图 7-5　崇明竖新镇大东村生猪粪便片区集中处理沼气工程示意图

---

① 1 亩≈666.7 平方米。

7.4.2.2 畜禽粪便资源化利用——案例2

另外一个具有示范意义的实例则是位于崇明西部的大型智能化现代猪场（图7-6）。明珠湖猪场引进了大型废弃物资源化综合利用项目，该项目拥有先进的无害化处置设施，可以将养猪场产生的猪粪连接处理设备，先进行固液分离处理，再将固体部分进行厌氧发酵产生沼气，经净化处理后加压送至发电厂转化为电能供应生产生活，而沼渣发酵后可生产有机肥料。2021年，企业相关负责人介绍，明珠湖猪场每天猪粪产量不超过170吨，而该套设施处理量高达200吨，年产高质量有机肥3万吨左右，可供给6万亩稻田使用。为了使生产的有机肥合理利用，上海明珠湖农业科技有限公司携手上海欧海能源科技有限公司建立了500亩优质水稻基地，利用所生产的有机肥浇灌，成功打造了第一、第三产业深度融合的田园综合体，并计划在将来把种植规模翻番，并通过参观养殖、瓜果种采为游客提供农业旅游新体验。

图7-6 明珠湖猪场的大型废弃物资源化综合利用项目

据《崇明统计年鉴2021》可知，2020年崇明全区（含光明食品集团上海崇明农场有限公司）规模化畜禽场粪污收集处置利用设施配套率达100%，畜禽粪便资源化利用率达100%。同时在12个乡镇（农业园区）推广绿色生产技术，共推广应用生物炭菌肥改良土壤3800亩，实施水肥一体化改造5280亩，落实绿色防控26 000亩。

7.5 优化崇明"生态岛"畜禽粪便资源化的相关建议

自 2014 年来，我国出台了许多法律法规来保护环境。2014 年政府鼓励和支持畜禽粪便的再利用，如将其用于农田、沼气生产及有机肥的生产等，禁止未经任何处理的粪便排入环境；在 2015 年颁布的《全国农业可持续发展规划（2015—2030 年）》中，政府支持规模化畜禽养殖场开展标准化改造和建设，旨在到 2020 年和 2030 年，规模化的畜禽养殖场的养殖废弃物综合利用率分别达到 75% 和 90% 以上；《水污染防治行动计划》（简称"水十条"）中表明规模化的养殖场必须具备用于储存、处理及回收利用粪便的装备，同时鼓励开展农业废弃物的回收试点项目。这些政策的出台均表明了我国走向清洁社会的决心，同时也提出了支持将畜禽粪便回收再利用的举措。

崇明正处于重要的战略机遇叠加期、生态潜能释放期、美丽蝶变加速期，迎来了打造新的生态制高点、经济增长点、战略链接点的新机遇，产业定位愈加清晰，发展路径不断明确，支撑崇明经济高质量发展的有利条件不断增多，要坚定发展信心，完整、准确、全面贯彻新发展理念，保持经济运行在合理区间。

畜禽粪污处理与综合资源化利用过程若处理得当，就不再只是一个生产投入的过程，同时也是一个有可持续性收益的良性循环过程（图 7-7）。时至今日，畜

图 7-7 崇明畜禽粪便资源综合化利用策略

禽业在崇明发展过程中仍然非常重要，目前崇明在畜禽粪污处理与综合资源化利用方面有了一定的基础和成绩，比如说建立了规模化畜禽养殖场，开展种养结合以及沼气工程。但仍然存在沼气工程中所剩余的沼气利用不充分等问题，在此情形下未来崇明片区沼气工程仍有优化的空间：在未来应当继续对规模化畜禽养殖严格把关，与社会化专业沼气运营公司携手，共同推进沼气工程的优化，加快构建农业废弃物资源化利用闭环。

本章参考文献

[1] 付侃，王振旗，陈静，等.崇明区畜禽养殖粪污承载负荷与环境风险评价[J].上海环境科学，2019，38（4）：139-142.

[2] 汪冬梅.畜禽粪便资源及其利用[J].中国牛业科学，2018，44（5）：51-54.

[3] 朱继红.畜禽粪便资源化利用现状分析[J].畜牧水产，2019（8）：139.

[4] 胡兴林.畜禽粪便污染控制与综合利用[J].畜牧兽医科学，2021，13：186-187.

[5] 陆雪林，成建忠，沈富林，等.畜禽粪便片区集中处理模式[J].上海畜牧兽医通讯，2017（6）：35-37.

第八章

崇明餐厨废弃油脂的资源化利用

马冰[1,2]，陈爽[1,2]，韩布兴[1,2]，何鸣元[1,2]，赵晨[1,2]
（1.华东师范大学化学与分子工程学院；2.崇明生态研究院）

8.1 崇明岛餐厨废弃油脂概况

截至2019年，崇明岛餐厨垃圾日处理量达到30～35吨，其中餐饮废油占到绝大部分。餐饮废油中含有丰富的碳资源，具有完整的长碳链结构，不合理处理会造成严重的资源浪费，不利于生态的可持续健康发展，也不符合《崇明三岛总体规划（2005—2020年）》的要求，即要把崇明建成环境和谐优美、资源集约利用和经济社会协调发展的现代化生态岛区。

餐饮废油随意排放会造成各种问题。如直接排入下水道，不仅会造成资源浪费，而且还会严重污染环境；如直接用于养猪业，会导致泔水猪问题，易引起间接人畜感染；如流向餐桌，将严重影响人民的生活健康。餐饮废油中的不饱和脂肪酸和饱和脂肪酸等营养成分被破坏殆尽，但酚类、酮类和短碳链的游离脂肪酸、脂肪酸聚合物、黄曲霉毒素等多种有毒有害成分却大大增加，多环芳烃等致癌物质也开始形成[1]。

截至2022年，崇明没有废弃油脂利用的项目，因此如何更好地利用崇明岛上现有油脂资源，实现岛内资源的可持续健康发展和循环发展对构建"生态+"具有显著的促进意义。对崇明岛上的植物油脂及废弃油脂的高效科学的利用不仅

第八章　崇明餐厨废弃油脂的资源化利用

能够解决岛内废弃资源的再回收利用难题，同时也变废为宝提高岛内经济收入，有利于促进崇明生态岛建设的可持续发展，同时提高和改善整个上海都市的生态服务品质。

8.2　崇明岛油脂资源的综合利用方式

油脂是人类的生活必需品，同时也是重要的化工原料，可生产生物柴油、生物基润滑油和天然脂肪醇（图 8-1）。油脂产业，是以油脂为原材料生产各种油脂化学品（如肥皂类、各种脂肪酸）的衍生物的产业。油脂化学品包括的范围很广，除肥皂外，油脂化学品又分为基础产品和深加工产品两大类。油脂基础化学品一般是指油脂水解后简单加工而成的各种脂肪酸、脂肪醇、脂肪胺、脂肪酸钠、脂肪酸酯，以及最主要的副产物——甘油等。这些油脂基础化学品经过诸如氢化、环氧化、硫化、皂化、磺化、季铵化等反应后能生产出丰富的衍生品，即油脂深加工化学品[2]。

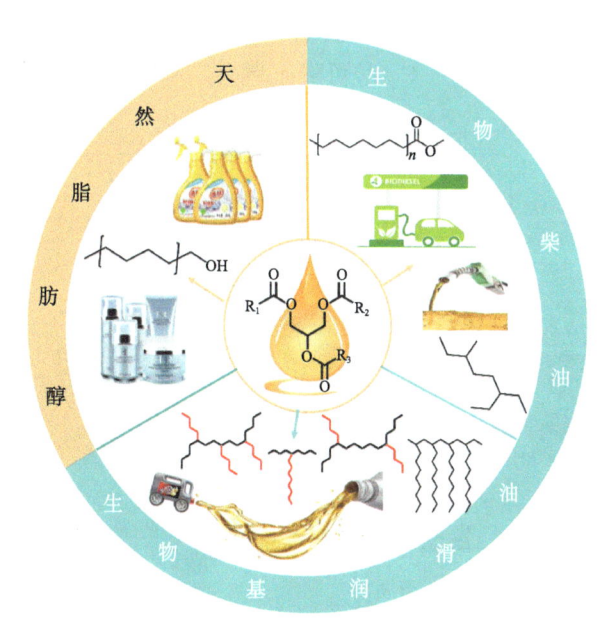

图 8-1　油脂的综合利用图

油脂化工应用最为广泛的领域为日用化工行业，中国日用化工行业市场规模巨大，2021 年中国日用化工行业市场规模已经将近 7000 亿元，其中化妆品市场

105

规模仅次于日本与美国。针对脂肪酸、脂肪醇，亚洲、欧洲都是最主要的需求地，预计2030年脂肪酸和脂肪醇全球消费量将达1000万吨和500万吨[3]。

将崇明植物油脂和废弃油脂通过巧妙设计的路径转化为高值化学品，如天然脂肪醇、生物柴油和生物基润滑油等（图8-1），不仅能有效地实现岛内废弃资源的合理利用，而且能促进岛内经济发展，解决相当一部分就业。

8.2.1 油脂组分转化为脂肪醇

脂肪醇可用于生产表面活性剂、洗涤剂、精细化学品、化妆品、增塑剂和药品等（图8-2）[4]。脂肪醇系表面活性剂去污力强、低温洗涤效果好、可生物降解、绿色无毒，是使用范围最广的表面活性剂。2017年我国表面活性剂产品全年产量合计213.03万吨，销量合计218.39万吨。产品市场需求量大，提高了脂肪醇尤其是天然脂肪醇的生产需求。将C_8、C_9和C_{10}醇用油酸钠乳化配成的3%～6%乳液喷洒在果蔬上可形成均匀、透明的分子膜，可以对果蔬起到保鲜、增加贮藏时间等作用。高碳脂肪醇可用作油性化妆品和药品（医用药膏）基剂，提高相容性和分散性，温和少刺激。高碳醇中，C_{22}醇对前列腺肿瘤有抑制作用、C_{24}醇可增强神经因子的机能、C_{26}醇可降血脂[5]。

图 8-2 天然脂肪醇的多种用途

从油脂制备脂肪醇有多种方法，一种是利用微生物转化油脂制备脂肪醇，另一种是化学催化法，在催化剂的作用下将油脂的酯基加氢转化为脂肪醇[4, 5]。后一种方法的优势在于高效、快速，能够大批量地生产脂肪醇；化学催化法制备的天然生物基脂肪醇产品质量好，附加值也最高。

8.2.2 油脂组分转化为柴油

车用柴油具有低能耗、低污染的环保特性，因此一些小型汽车甚至高性能汽车也改用柴油。数据显示[6]，我国柴油车保有量超过2092万辆，每年柴油消费量在1.6亿吨左右，2021年我国柴油产量为16 337万吨，同比增长2.7%。尽管在近几年，炼化企业通过高新技术改造使柴油和汽油产量不断提高，但仍不能满足市场消费要求；另外，柴油和汽油的供需矛盾也日益严峻，目前，生产柴汽比约为1.8，而市场的消费柴汽比均在2.0以上[7]。汽油、柴油的供需平衡问题是我国未来较长时间石油市场发展的焦点问题。

生物柴油是清洁燃料之一，是一种可再生的环境友好型能源，使用生物柴油可以使人类摆脱对石油的依赖。它利用低碳醇与天然植物油或动物脂肪中主要成分甘三酯发生酯交换反应得到脂肪酸甲酯，能降低油料的黏度，改善油料的流动性和汽化性能，达到作为燃料使用的要求（图8-3）。生物柴油主要是以餐厨废弃油脂为原料加工而成的液体燃料。全过程规范收运加工地沟油，加快推广应用地沟油制生物柴油，是解决环境污染等问题最现实、最有效的办法，也是贯彻落实党的十九大报告提出的"多谋民生之利，多解民生之忧"的重要举措。

图8-3 植物油脂和废弃油脂转化为生物柴油

由于生物柴油来源于植物，植物生长过程吸收CO_2。从全生命周期看，生物柴油属于CO_2减排产品。上海市试验表明，公交车使用B10柴油（普通柴油中掺混 10% 的生物柴油）可减少石化柴油消耗 9.6%[7]。随着环保要求提高，柴油中硫含量降低，其润滑性能也随之下降，发动机磨损增加。掺入生物柴油后，可改善润滑性能，降低发动机磨损。生物柴油具有十六烷值高、润滑性能好、闪点高、储存和运输安全等特点，可与石化柴油任意比例调合使用或完全代替石化柴油。国内外大量应用实例证明，使用生物柴油安全可靠，长期使用 B20 柴油（普通柴油中掺混 20% 的生物柴油），对发动机没有任何不良影响。据环境保护部发布的《2015 年中国机动车污染防治年报》，中国柴油车占汽车保有量的 14.1%，但其氮氧化物、颗粒物排放量分别占机动车排放总量的 69% 和 90% 以上。由于生物柴油含有约 11% 的氧，与石化柴油掺混燃烧，可以提高燃尽率，大幅度减少颗粒物（particulate matter，PM）、碳氢化合物、一氧化碳排放。《中国建设报》2019 年 5 月 9 日发布，上海市推广应用 B5 柴油（普通柴油中掺混 5% 的生物柴油），尾气中 PM、重金属降低了 10% 以上。

虽然第一代生物柴油已经得到长足的发展，然而目前其作为燃料油也仅能以 5%～20% 的比例与石化柴油混合使用，这也大大限制了它的大规模应用。以动植物油脂为原料，通过催化加氢制备与石化柴油类似的烷烃组分，该技术获得的燃料油被称为第二代生物柴油[8]。第二代生物柴油结构和性能更接近石化柴油，能以更大的比例添加到其中。混合油料的优点是十六烷值较高、含硫量低、密度较低、稳定性好、低温流动性较好。经临氢异构降凝可生产生物航空燃料[9]。目前，第二代生物柴油生产工艺主要有加氢脱氧和异构。如果用第二代生物柴油将这些石化基的柴油部分地取代，那么不仅能够减少石化资源的使用，降低碳排放，而且减少了废弃油脂流回餐桌，实现资源的循环使用。

发展生物柴油产业不仅可以调整这种柴油、汽油供需比例失调的局面，而且可以缓解我国长期依赖石油进口的局面，对我国的能源安全也有保障。对于崇明岛可持续发展而言，发展生物柴油产业不仅可以使崇明岛油料作物得到充分利用，而且利于调整岛内农业结构；不仅不会威胁到粮食安全问题，而且还可以走出一条农产品向工业品转化的富农强农之路，解决岛内农民就业和增收问题。因此，发展生物柴油产业对崇明岛的农业和工业发展影响重大。

8.2.3　油脂转化为生物基润滑油

据崇明区交通委发布的《崇明区公共停车设施建设规划（征求意见稿）》，截至 2020 年底，全区小汽车保有量为 12.5 万辆，每千人保有量为 196 辆。预计到

2025年，全区小汽车保有量将达到16万辆，每千人约240辆，加上轮船、企业机械设备，润滑油的日消耗量巨大，具有广阔的市场应用前景。生物基润滑油具有可再生性、生物降解性，具有良好的润滑性能，是比矿物油及合成油在性能和工艺上更先进的基础油。另外，生物基润滑油具有的可生物降解的特点，使得发生泄漏后对环境影响较小，这在一定程度上减少了对与之接触的操作员、动物或植物的危害。发展生物基润滑油符合《崇明三岛总体规划2005—2020年》的要求。

生物基润滑油还具有高黏度指数，具有较好的低温流动性，可以节省燃料。该油通过配置催化形成的碳氧双键结构，可以有效增加油膜的吸附能力，提高抗磨损保护，减少冷启动引起的干摩擦并且延长发动机寿命，节省燃油、提升动力、自动清洁，具有明显的节能降耗、润滑降磨、改善尾气排放等功能[10-13]。最重要的是，生物基润滑油具有超长换油周期、适应各类工况和温度、四季通用等优势。根据权威机构测试，对于大型货运车辆、重型车辆以及家用车辆等，生物基润滑油可以实现30 000千米以上超长换油周期，冬季条件下使用，不仅启动提速快，且能降低发动机磨损。每使用一桶生物基润滑油，可以比普通润滑油节油约8%，能节省约1360元，大概能减少424千克CO_2排放，相当于种53棵树[14]。

近年来受到环保政策及消费偏好改变的影响，生物基润滑油的市场不断扩容和走向规范化，在行业内享有越来越高的地位。生物基润滑油无论是技术研发还是产品性能上，均取得良好的发展。据统计，全球润滑油的年总需求量约为4000万吨，生物基润滑油在成品润滑油市场的占比达1%[15]。德国、日本及印度也分别为推广或销售可再生产品的企业颁发"Blue Angel""Green Cross""Ecomark"奖章。北美地区和欧洲地区是率先开始大量使用生物基润滑油的地区，早在2016年生物基润滑油占比已高达84%，并且这个数据还在不断攀升中[16, 17]。

不仅生物基润滑油在国际上具有应用先例，在国内市场上也有企业开始发展生物基润滑油。浙江丹弗中绿科技股份有限公司与南开大学校企合作，经过五年的研发和测试，生产的生物基合成油SN 5W40产品于2015年在湖北武汉汽车零部件及汽车配件展览会亮相，得到了广泛关注。丹弗生物基润滑油以蓖麻基为原料，其理化性能指标、黏度等级性能指标达到美国石油协会（American Petroleum Institute，API）SN质量级别，该项研发技术还被列入科技部科技成果重点推广计划，荣获中国国家科技进步奖等。以生物质资源为原料的润滑油，价格和品质都优于传统石油基润滑油，不仅可生物降解，而且降低汽车燃油消耗，减少尾气排放，改善大气质量。

我国发展生物基润滑油已经有了成功的先例，技术过程较为成熟，同时也可以根据具体用途对油品性质进行调控。润滑油生产过程如图8-4所示。理论上，纯油脂可以定量转化为生物基润滑油，仅需少量绿色化学品（如双氧水、甲醇等）和绿色催化剂（如固体酸/碱），在低能耗下对油脂中的化学键进行改性即可。

图 8-4　油脂到生物基润滑油转化示意图

8.3　崇明"生态岛"餐厨废油资源化利用的相关建议

崇明岛地势平坦、土地肥沃、物产丰富，约有80万人口，餐厨垃圾日处理量达到30万～35万吨，其中餐饮废油占到绝大部分，同时，崇明作为农业大区，油料作物丰富，迫切需要解决油品的高值化问题。《崇明世界级生态岛发展"十三五"规划》明确指出，崇明作为最为珍贵、不可替代、面向未来的生态战略空间，是上海重要的生态屏障和21世纪实现更高水平、更高质量绿色产品高值化发展的重要示范基地。另外，近年来崇明区推行"生态化"农业模式，树立起了"世界工厂、智能制造、大田农业、自然生长"发展理念，积极顺应变革，瞄准"高科技、高品质、高附加值"方向持续努力。

生物基产品原料多数是无毒的化学品，不含硫酸盐（锌、钙）及其他重金属，经配制后也几乎是无毒的。以生物基润滑油为例，其呈稳定增长势头，市场潜力巨大。生物基源自有生命的有机体，可以提取出许多有关成分用来制作基础油，与添加剂合理配比后经过一系列的工序得到生物基润滑油，用作内燃机润滑油、阻燃液压油、齿轮油等。相比其他各类基础油，生物基润滑油不仅在抗挥发性、高温稳定性、氧化稳定性、抗磨特性等方面表现更出色，而且排放后可以在自然环境中生物降解，因此常常被应用于条件苛刻、环保要求高的领域，如在国际上应用于军事、航天、航海、赛车等领域。凭借着高品质、高性能、高环保的显著优势，生物基润滑油不仅适用于军事等领域极端环境，也被广泛应用于民用领域，如汽车、船舶、食品、工业制造等，确保设备部件在严苛的场合工作的同时，又符合使用寿命长、节能环保的严格要求。在生物基润滑油生产过程中，也基本无三废排放，因此，在崇明区发展生物基润滑油符合崇明发展的经济战略，顺应时代使命，符合崇明区"+生态"和"生态+"发展战略。

本章参考文献

[1] 姚志龙，闵恩泽. 废弃食用油脂的危害与资源化利用 [J]. 天然气工业，2010，30（5）：123-128. DOI：10.3787/j.issn.1000-0976.2010.05.032.

[2] 张勇. 油脂化学工业市场分析 [J]. 日用化学品科学，2008，31（12）：4-9. DOI：10.3969/j.issn.1006-7264.2008.12.002.

[3] 赵永杰. 中国表面活性剂行业整体发展概况 [J]. 日用化学品科学，2015，38（5）：1-6. DOI：10.13222/j.cnki.dc.2015.05.001.

[4] 赵晨，孔劫琛. 一种从脂肪酸或脂肪酸酯选择性加氢制备脂肪醇的方法 [P]. 中国专利，申请号：201410593591.8.

[5] 赵晨，吴浏璧，孔劫琛. 无氢条件下脂肪酸或脂肪酸酯制备脂肪醇的方法以及应用于该方法的催化剂 [P]. 中国专利，申请号：201510489009.8.

[6] 李振，彭敏静. 粤港澳大湾区"氢"装上阵：瞪羚抱团加速氢能高地产业突围 [N]. 21世纪经济报道，2021-08-12.

[7] 李玉芹，曾虹燕. 植物油脂肪酸甲酯——生物柴油作替代燃料的意义 [J]. 应用化工，2005，34（8）：464-468. DOI：10.3969/j.issn.1671-3206.2005.08.003.

[8] 赵晨，马冰. 加氢脱氧异构化催化剂的制备及其在地沟油制备柴油中的应用 [P]. 中国专利，申请号：ZL201510489007.9，授权号：CN105126898，授权日：2017.11.24.

[9] 李春桃，周圆圆. 第二代生物柴油技术现状及发展趋势 [J]. 天然气化工（C1化学与化工），2021，46（6）：17-23，32. DOI：10.3969/j.issn.1001-9219.2021.06.003.

[10] 赵晨，陈爽，吴婷婷. 一种油脂转化为润滑油的方法 [P]. 中国专利，申请号：ZL201910298657.3.，授权号：CN11024936B，授权日：2021.5.7.

[11] 赵晨，陈爽，吴婷婷. 一种生物质基低粘度全合成润滑油的制备方法 [P]. 中国专利，申请号：ZL201911063255.1，授权号：CN110804476 B，授权日：2022.2.11.

[12] 赵晨，陈爽，吴婷婷.一种生物质基低粘度润滑油的合成方法[P].中国专利，申请号：202010118816.X.
[13] 赵晨，陈爽.一种合成多环环醚生物质基润滑油的方法[P].中国专利，申请号：202110901516.3.
[14] 胡清波.永康"生物基高性能绿色润滑油"项目喜获保尔森可持续发展城市奖[EB/OL].https://www.cqn.com.cn/zt/content/2018-05/15/content_5786167.htm[2018-05-15].
[15] 生物润滑油市场增长率高于平均增长水平[J].精细石油化工进展，2015，16（3）：20.
[16] Nagendramma P, Kaul S. Development of ecofriendly/biodegradable lubricants: an overview[J]. Renewable & sustainable energy reviews, 2012, 16（1）: 764-774.
[17] Luna F M T, Cavalcante J B, Silva F O N, et al. Studies on biodegradability of bio-based lubricants[J]. Tribology International, 2015, 92: 301-306. DOI: 10.1016/j.triboint.2015.07.007.

第九章

崇明农业废弃物的资源化利用

李博龙[1,2]，赵磊[1,2]，韩布兴[1,2]，何鸣元[1,2]，赵晨[1,2]
(1.华东师范大学化学与分子工程学院；2.崇明生态研究院)

9.1 农业废弃物利用的重要性

虽然近年来随着第三产业的快速发展，农业在崇明经济中的比重不断下降，农业产值占比由2014年的8.9%下降至2020年的5.9%，但崇明仍是上海重要的农业产区。2015~2020年，崇明农业总产值呈下降趋势，但仍保持在50亿元以上；总播种面积持续下降（表9-1）。据统计，2020年崇明粮食总产量达到15.59万吨，占上海市粮食总产量的28%，是上海市出产粮食最多的地区（图9-1）。《崇明生态环境保护"十四五"规划》（以下简称崇明"十四五"规划）指出要保护永久基本农田，划实66.33万亩耕地及永久基本农田保护任务。可以预见，农业未来仍然是崇明的重要产业。崇明的主要农作物为水稻、大麦、小麦、玉米，每年产生各类农作物秸秆总量约34万吨。对这些农业废弃物进行集约、高效、综合的利用，是发展循环农业、减轻环境压力的有力举措，在崇明世界级生态岛建设进程中有着十分重要的现实意义。

崇明"十四五"规划提出"改善生态环境质量，打造清新洁净宜居美丽岛"任务，崇明在《上海市崇明区国民经济和社会发展第十四个五年规划和二〇三五年远景目标纲要——暨崇明世界级生态岛发展"十四五"规划》中指出，要着力提高固废资源化利用，加强农林废弃物资源化利用，实现主要农作物秸秆综合利用率达98%以上。

表9-1 2015～2020年崇明农业总产值、总播种面积及主要农作物产量分布

年份	农业总产值（亿元）	总播种面积（万公顷）	大麦小麦总产量（万千克）	水稻总产量（万千克）	玉米总产量（万千克）
2015	60.06	8.7	4.6	17.6	2.1
2016	58.86	8.2	2.9	16.8	2.1
2017	57.31	7.7	0.8	15.8	1.6
2018	58.80	6.9	0.3	15.9	1.3
2019	54.82	6.1	0.1	15.9	1.1
2020	52.18	5.6	0.1	14.3	0.8

资料来源：《崇明统计年鉴》（2016～2021年）

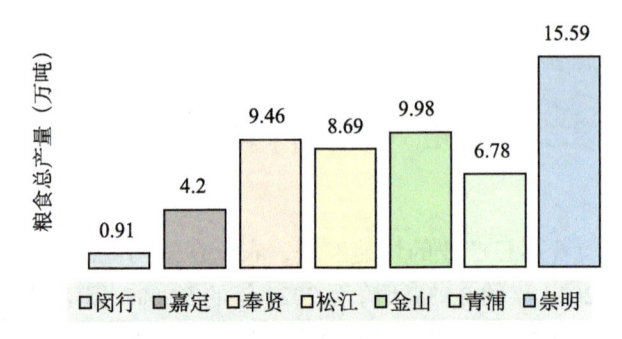

图9-1 2020年上海郊区各区粮食总产量分布

资料来源：《崇明统计年鉴2021》

9.2 崇明农作物秸秆综合利用现状

9.2.1 崇明农作物资源现状

据《上海统计年鉴2022》测算，2021年上海市秸秆产量约130万吨[①]，其中水稻秸秆产量91万吨，小麦秸秆产量25万吨。相比于全国秸秆年产量及种类来

---

① 因《上海统计年鉴2022》未统计2021年秸秆产量，故用2021年相关农产品数据进行测算。

说，上海农作物秸秆种类较少，体量也较小（表9-2）。上海市秸秆分布较为分散，主要分布在上海郊区的9个区。其中，崇明农作物秸秆年产量达到33.6万吨，占上海农作物秸秆总产量近三成。崇明主要秸秆种类上基本与上海保持一致，水稻秸秆年产量20万吨，小麦秸秆年产量6.6万吨，油菜秸秆年产量7万吨。若对这些农作物秸秆进行有效的综合利用，可以有效解决因秸秆焚烧或废弃而带来的环境污染，保护生态环境，提高土地地力；促进秸秆的资源化、商品化和产业化利用，发展循环经济，增加农民收入，对促进崇明生态岛的建设具有十分重要的意义。

表9-2 全国、上海及崇明主要农作物秸秆年产量

农作物种类	全国秸秆（万吨）	上海秸秆（万吨）	崇明秸秆（万吨）
水稻	21 212.9	91	20
小麦	15 377.7	25	6.6
油菜	3826.5	13	7
豆类	3072.6	—	—
玉米	26 746.5	—	—
甘蔗	4648.2	—	—
总计	74 884.4	130	33.6

"—"表示无数据

自2010年以来，上海市已经连续出台了四轮秸秆综合利用补贴政策，当前实行的政策为上海市发展和改革委员会、上海市农业农村委员会、上海市财政局、上海市生态环境局等四部门联合制定下发的《关于持续推进农作物秸秆综合利用工作的通知》（沪发改规范〔2019〕8号）。在多轮政策的指导下，崇明农作物秸秆综合利用率得到了极大的提升。数据显示，崇明农作物秸秆综合利用率从2015年的87%连续攀升至2019年的97.6%，2020年保持在97.2%（图9-2）。2019上海农作物秸秆综合利用率为96%，全国农作物秸秆综合利用率为85.45%，只有10个省（自治区、直辖市）的利用率在90%以上，由此可见，崇明的秸秆综合利用率处于全国先进水平。[1]

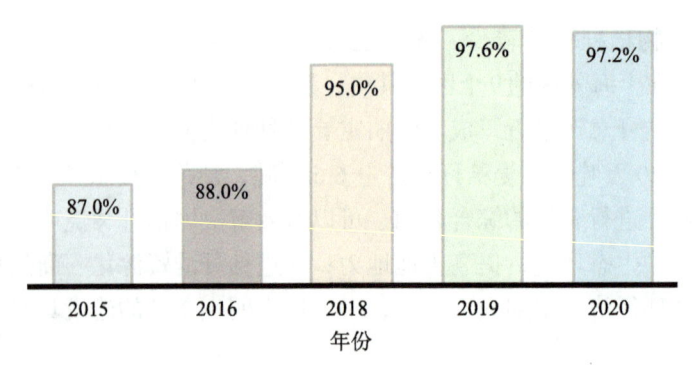

图 9-2　2015～2020 年崇明农作物秸秆综合利用率

资料来源：《崇明统计年鉴》（2016～2021 年）

注：2017 年数据缺失

9.2.2　崇明农作物秸秆综合利用方式与案例

按照农业优先，多元利用的原则，崇明积极探索秸秆综合利用，主要围绕"肥料化、饲料化、燃料化"三个方面进行。其中，秸秆机械化还田（图 9-3）是秸秆肥料化的重要方式。

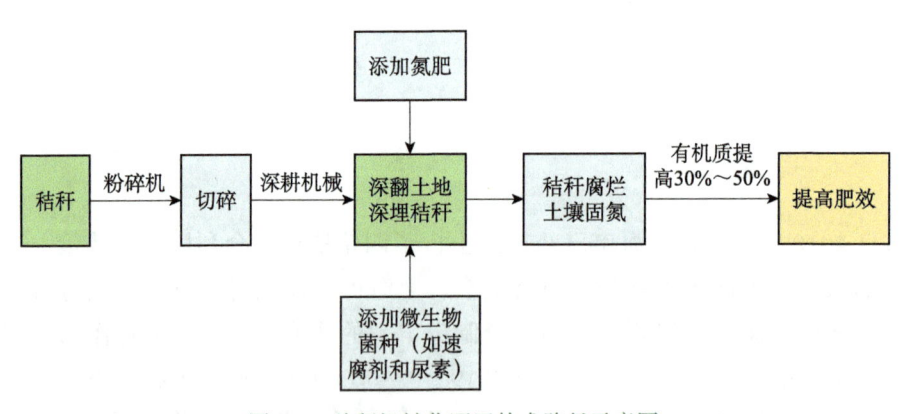

图 9-3　秸秆机械化还田技术路径示意图

秸秆还田不但可以显著提高土壤耕层有机质、氮素等的含量，而且可以降低土壤容重，促进大团粒结构的形成，增加土壤孔隙度，同时提高土壤的保水能力。但其缺点也较为突出，包括如下几点。①秸秆量大，机具配置要求高。水稻亩秸秆量可达 650 千克左右，每平方米秸秆量 0.97 千克左右，机械化全量还田的机具配置要求和动力消耗比较高，增加作业成本。②腐熟时间长，农艺技术要求高。稻秸秆收获以后为秋冬季，后茬主要是绿肥和休闲地，低温和旱作减缓秸秆的腐熟，会出现下一年水稻种植时上一年水稻秸秆未完全腐熟的情况，不利于下一年水稻绿色种植，须通过各项农机农艺措施提升还田质量。③气候和土壤条件差，还田作业难度高。水稻收获后常遇秋雨，不利于农机作业，特别是地势低洼地区，土壤黏性强，水稻收获后如遇秋雨不利于深翻深耕，机械还田难度较大。

调查显示，上海大部分秸秆都进行了还田处理，但也存在秸秆过量还田超过土地的自然分解能力导致土地质量下降的问题。因此将秸秆制成密度较大的棒状、块状或者颗粒状等成型燃料，通过生物质锅炉、生物质气化锅炉加以处理，既可以充分利用秸秆中蕴含的生物质能，调整以煤炭等化石能源为主的能源消费结构，还可以在很大程度上缓解秸秆还田的压力。以上海艾耐基节能科技有限公司为主研发的秸秆成型燃料在生物质气化锅炉中的应用，在崇明上海振西手帕厂建设完成并通过上海纺织节能环保中心进行了相关污染物排放检测，该生物质气化锅炉已经投入试运行。按照目前木块、秸秆成型燃料1∶1测算，每吨生物质固体燃料年消耗秸秆约500吨。2022年城桥镇、绿华镇等镇的多家企业（共计约12吨煤锅炉）正在与上海艾耐基节能科技有限公司洽谈改建计划。根据调研，崇明有约200吨锅炉需进行改建。为进一步推广生物质气化锅炉的应用，提高秸秆成型燃料使用比例，确保原料供给，降低用户使用成本，上海艾耐基节能科技有限公司正着手研究、试验提高秸秆成型燃料使用比例，以提高秸秆利用量。

除了还田和燃料化利用，崇明也正在逐步推进秸秆利用多元化格局的建立。以向化镇为例，经过近几年的积极引导，已有上海正丝农业科技有限公司、上海千牛农业机械有限公司、上海享农果蔬专业合作社3家企业分别在秸秆的燃料化、饲料化、肥料化利用方面开始了有益的尝试（图9-4），秸秆利用也由过去仅用作农村生活能源和牲畜饲料，拓展到燃料、饲料和肥料等用途。向化镇还针对秸秆的特点，建立了分类资源化利用体系。针对水稻秸秆、玉米秸秆、毛豆秆等木质化秸秆，粗粉碎后装运至正丝公司制作成秸秆燃料棒；针对芦笋秸秆、相对新鲜的水稻和玉米秸秆、青草等，粉碎和揉搓后进行裹包发酵，运至千牛公司作为饲料集中出售；针对燃料化和饲料化均无法利用的秸秆，如瓜果藤蔓、菜叶、菜根、烂水果、烂茄子和番茄等，进行粗粉碎后添加一定比例的餐厨湿垃圾，加入罐体进行发酵处理，生产有机肥料。[2]

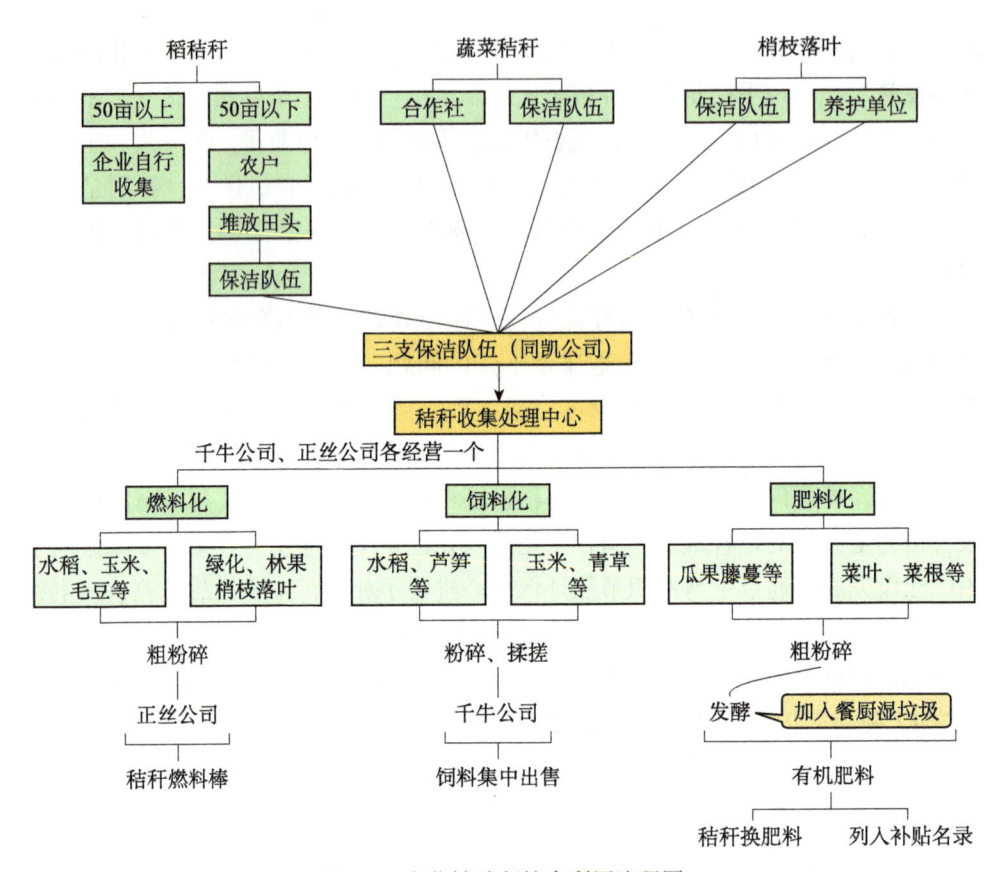

图 9-4　向化镇秸秆综合利用流程图

9.2.3　崇明秸秆综合利用情况

统计数据显示，上海市秸秆各类综合利用中，机械化还田仍然是最主要的利用方式。2019年秸秆还田利用占86%，其次是食用菌基料占8.4%；作为辅料加工有机肥料占2.2%；其余为饲料和燃料用途，占比约为1.0%（图9-5）。崇明各类秸秆综合利用趋势与上海相一致。相比之下，全国秸秆资源化利用方式更加多元化。肥料化利用占比达到53.93%；饲料化利用占比达到23.42%；燃料化利用占比达到14.27%；基料化利用占比达到4.89%；剩余原料化利用占比达到2.40%（图9-6）。以上数据反映出了崇明秸秆利用方式集中，机械化利用托底明显。虽然综合利用率较高，但是受限于畜牧养殖业规模小，对秸秆饲料需求总量有限。同时受到环评等因素影响，秸秆加工燃料项目及生物质锅炉项目推进较慢，制约了秸秆燃料化利用。因此形成了离田利用比例不高、未能离田利用的秸秆都进行了机械化还田利用的局面。

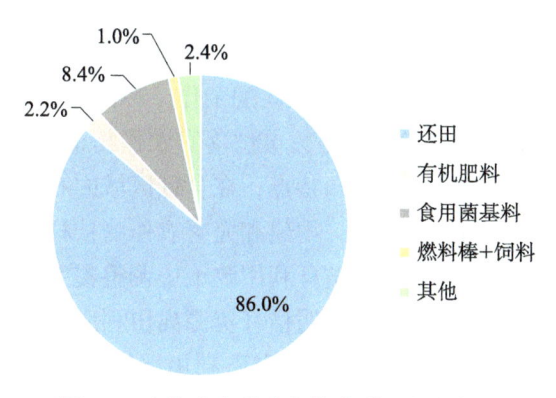

图 9-5　上海市各类秸秆综合利用方式占比

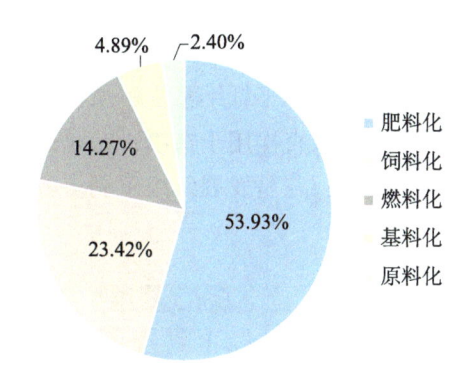

图 9-6　全国各类秸秆综合利用方式占比

此外，崇明秸秆利用过程中还存在如下问题。①从事秸秆利用的企业规模小，利用秸秆数量波动大。例如，正丝公司在 2018 年收购了超 4 万吨秸秆用于生产燃料棒，但 2019 年未进行秸秆收购和利用。原因在于企业规模小，融资困难，经营较为依赖秸秆补贴，而秸秆补贴下发周期长，企业现金流有限，无法及时向农户支付秸秆收购款。②秸秆收储仍存在困难。虽然在政策的支持下，部分秸秆粉碎基裹包设备已经纳入补贴名录，较大提高了秸秆收储能力。但受限于农用地指标等问题，秸秆收储网点未能有效规划部署，部分镇、村只能零星临时堆放，限制了秸秆收储加工能力。③秸秆政策覆盖范围有待扩大。崇明种植业结构调整后，小麦种植面积逐步缩减，玉米秸秆量上升，但其目前未纳入政策支撑范围。[3, 4]

9.3 崇明农作物秸秆全综合利用的技术建议

针对崇明秸秆综合利用中存在的问题，应提升现有企业的生产能力，协调相关农业农村部门，做好区域内秸秆资源调配工作，提高秸秆补贴政策落实效率，保障企业连续生产能力；应指导各相关单位落实农作物秸秆资源台账记录工作，梳理辖区内农作物秸秆资源量的分布特点，在合理区域内布局秸秆收购点，切实解决收储运体系建设中的短板问题，构建和完善农作物秸秆收集储运体系；应进一步发挥政策导向作用，在下一轮秸秆利用政策中调整覆盖范围，将玉米秸秆及蔬菜废弃物等纳入补贴范围。针对崇明秸秆资源离田利用率低的现状，应积极引进秸秆利用的新技术，进一步拓展秸秆离田利用渠道，将秸秆作为资源创造收益，以经济效益来促进秸秆的综合利用。为此，基于华东师范大学赵晨教授课题组的研究，本章提出了以下秸秆一体化全组分利用的技术建议。

全新的秸秆全综合利用技术如图 9-7 所示。首先将秸秆用绿色溶剂法制成纤维素浆，在这个过程中实现木质素和半纤维素水解所得的糠醛的分离。纤维素浆的后续利用有三种途径：一是可以直接用于造纸；二是通过纤维素制糖技术转化得到葡萄糖或者果糖等糖类产物；三是发展纤维素制多醇的技术，制备混合醇类防冻液。[5]

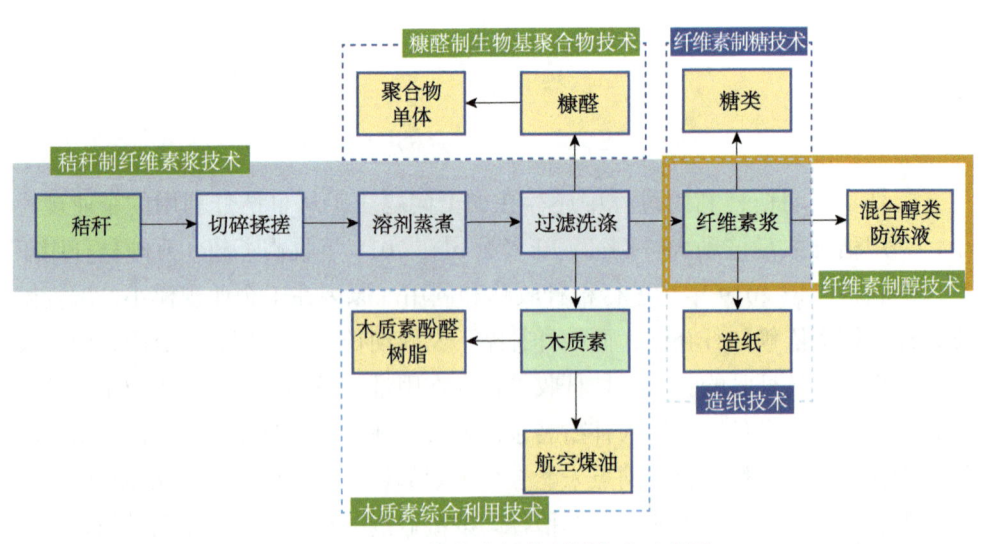

图 9-7 秸秆一体化全组分利用技术示意图

用绿色溶剂法提取秸秆中纤维素纸浆的具体流程如图 9-7 所示。秸秆切碎之后，通过机械揉搓破碎并除去表面的尘土和无机矿物。接着在溶剂中蒸煮，将木质素溶解，实现木质素与纤维素的分离。得到的纤维素经过洗涤后就是纸浆原料。溶解的木质素经过沉淀处理后分离，溶剂实现循环。针对所分离出的木质素，我们开发了木质素综合利用技术，可将木质素转化成为木质素基酚醛树脂，或者转化成为多环烷烃，用于航空煤油。[6, 7]

对比目前国内造纸厂所使用的机械制浆法和化学制浆法。机械纸浆是制浆的最基本形式，仅涉及剥去树皮的原木或木屑以分离纤维。因为仍有大量的木质素，机械纸浆的质量很低。这意味着生产的纸产品质量较低，纸张强度较弱，纸张变黄的速度更快。化学制浆包括硫酸盐法和亚硫酸盐法。两种方法都能生产出高强度、长纤维、低木质素含量的纸浆。并且这种工艺能够适合多个树种，因此应用广泛。但该生产过程中会产生大量刺激性的酸性废气及大量的废水等，对环境极不友好。[8]

华东师范大学赵晨课题组开发的制浆技术操作简单，条件温和，过程中仅涉及无毒绿色溶剂的使用，无需碱的参与，废水废气排放少。所使用的溶剂可回收循环使用。该技术可用于包括竹子、芦苇秸秆、稻草秸秆、玉米秸秆等多种造纸原材料，适用范围广。研究成果不仅有助于崇明秸秆等农业废弃物的高效利用，而且对提升我国造纸行业的技术水平，改变我国的生态农业的发展有重要的推动作用，对环境保护和发展循环经济有重大的现实意义。

另外一种分离出的产物糠醛，可直接作为化学品销售，也可通过研发的糠醛制生物基聚合物技术，将糠醛转化成为高附加值的呋喃二甲酸聚酯或者聚四氢呋喃。呋喃二甲酸可用于替代石油基的对苯二甲酸用于聚酯的合成。呋喃二甲酸基聚酯具有更加优良的性能，受到国内外大型食品及饮料包装公司的关注。华东师范大学赵晨课题组开发的糠醛制备生物基聚酯技术应用于秸秆的示意图如图 9-8 所示。在糠醛制备呋喃二甲酸聚酯的路线中，我们使用糠醛为原料，通过增碳及氧化反应，得到呋喃二甲酸单体。相比于 5- 羟甲基糠醛（需通过葡萄糖脱水制备）氧化制备呋喃二甲酸技术，糠醛路线能够充分利用绿色溶剂法制浆技术中的副产物糠醛，使得秸秆全组分都得到利用，提高秸秆一体化利用技术的整体效益。[9] 聚四氢呋喃是生产聚氨酯弹性体和氨纶纤维的软链段前驱体，广泛应用于各种聚氨酯制品中。糠醛制备聚四氢呋喃路线则是将糠醛经过脱碳及加氢反应得到四氢呋喃，随后聚合得到聚四氢呋喃。传统的 Reppe 法制备聚四氢呋喃需要用到乙炔和甲醛，来自石化资源的乙炔不符合当下"双碳"目标的大环境，并且由于乙炔易爆，容易引发生产安全事故。相比之下，糠醛制聚四氢呋喃路线不仅原料绿色可再生，工艺路径安全，糠醛路径的成本也比 Reppe 法成本低（Reppe 法成本为 995.76 美元/吨，糠醛路径成本为 858.53 美元/吨），是一条具经济竞争力的绿色合成路线路径。[10]

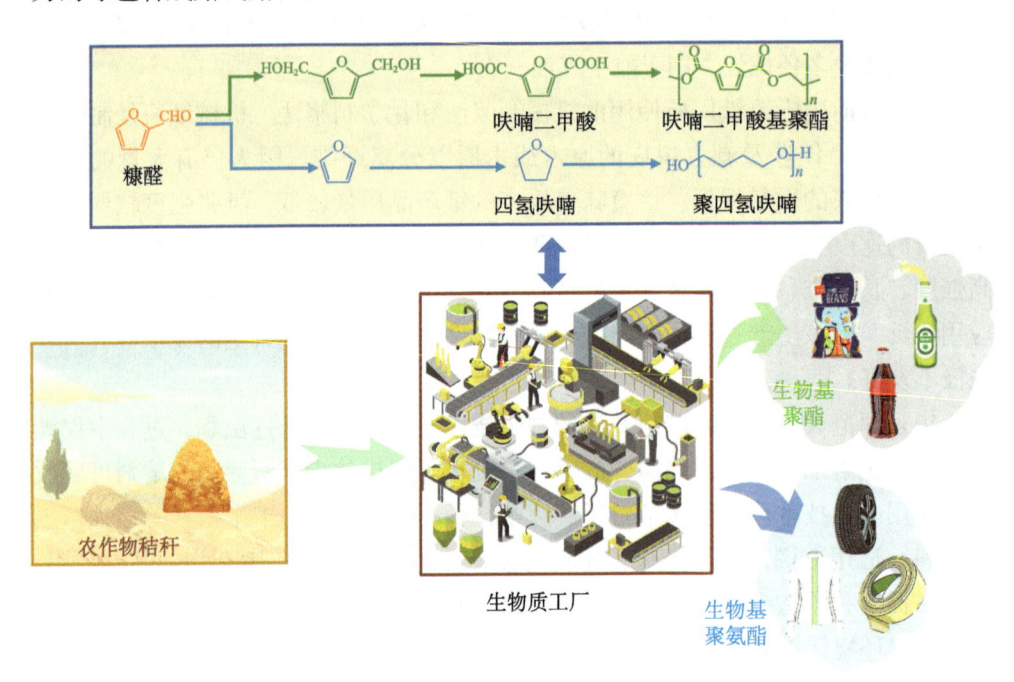

图 9-8 秸秆制备生物基聚合物材料的技术示意图

9.4 崇明岛秸秆综合利用一体化的展望

综上，新开发的秸秆一体化全组分利用技术可以充分利用秸秆中的纤维素、木质素及半纤维素（糠醛的前驱体），实现秸秆全组分绿色化利用，并且产品具有较高的经济效益，可有效解决崇明秸秆利用率低的问题，整体技术路线契合崇明生态健康岛的建设需求。秸秆节能综合利用一体化工程有潜力使生物质化工与石油化工和煤化工并驾齐驱地发展。华东师范大学开发出"秸秆精炼一体化技术"，该技术绿色、高效、节能地解决了秸秆中纤维素、半纤维素、木质素难以高效分离的难题，同时将秸秆组分转化为高附加值的生物基化学品和燃料、生物基高分子材料等，适用于崇明岛滩涂区域大量的芦苇、秸秆及互花米草等芒草类草本植物的高值化利用。

秸秆综合利用新技术的推广使用，将给崇明岛带来显著的社会效益和经济效益：有助于崇明岛构筑绿色可循环的可再生生物质能利用体系，构建崇明特色循环农业，打造长江流域农业创新发展重要策源地；实现将崇明世界级生态岛创建成绿色生态"桥头堡"、绿色生产"先行区"、绿色生活"示范地"的战略目标，使崇明成为引领全国、影响全球的国家生态文明名片、长江绿色发展标杆、人民幸福生活典范，向世界展示"人与自然和谐共生"的建设范例。

本章参考文献

[1] 张晓庆，王梓凡，参木友，等.中国农作物秸秆产量及综合利用现状分析[J].中国农业大学学报，2021，26（9）：30-41.

[2] 邱鲁萍.秸秆综合利用试点工作实施方案分析——以上海市崇明区向化镇为例[J].乡村科技，2017（25）：76-77.

[3] 何麒麟，徐杰，丁志远.推进秸秆综合利用发展农业循环经济[J].上海农村经济，2021（1）：23-26.

[4] 上海市农委调研组.农作物秸秆禁烧和综合利用对策研究——以上海为例[J].农村工作通讯，2015（21）：36-38.

[5] 赵晨，骆治成，褚大旺，等.一种从天然木质素纤维素原料制备丙二醇型防冻液的方法[P].中国专利，授权号：CN106543982B.

[6] 赵晨，辛莹莹，褚大旺.一种木质素基热塑性酚醛树脂的合成方法[P].中国专利，公开号：CN111217971A.

[7] 赵晨，孔劼琛.一种由木质素制备链状烷烃的方法[P].中国专利，授权号：CN104388110 B

[8] 常永杰.我国造纸纤维原料的现状及发展对策[J].湖北造纸，2013（3）：40-42.

[9] 赵晨，李博龙，赵磊.一种2,5-呋喃二甲酸的合成方法[P].中国专利，授权号：CN111187238B.

[10] 赵晨，朱越，陈爽.一种从糠醛制备生物质基聚四氢呋喃的方法[P].中国专利，公开号：CN111234197A.

第十章

崇明"双碳"产业经济循环

赵培培[1,2]，田井清[1,2]，韩布兴[1,2]，何鸣元[1,2]，赵晨[1,2]
（1.华东师范大学化学与分子工程学院；2.崇明生态研究院）

10.1 碳达峰、碳中和

随着"碳达峰碳中和"目标进入"十四五"规划，碳达峰碳中和目标正式上升到国家战略层面，这也意味着中国经济将全面向低碳转型。近年来，大量温室气体排放的影响已逐渐显现，全球气候变暖，极端气象频频出现。[1]联合国政府间气候变化专门委员会（Intergovernmental Panel on Climate Change，IPCC）发布的特别报告称，按照目前人类的温室气体排放水平计算，全球每十年升温$0.1\sim0.3$ ℃。若这一趋势不变，$2030\sim2052$年就将达到升温1.5 ℃的阈值，接下来十年可能是人类避免灾难性影响的最后时机。因此，中国"双碳"目标可谓"时间紧、任务重"。在短短30年的时间内完成碳中和目标，无疑需要加快创新进程，从根本上提高CO_2吸收效率和利用率。[2]

近年来，崇明区紧紧围绕生态岛建设，探索绿色发展路径，切实推动低碳试点创建取得新成效。截至2021年底，包括风电、光伏发电等形式，崇明可再生能源装机量已达到56.4千瓦，发电量占崇明全社会售电量的30%，自产"绿电"占比位居全市各区榜首。以陈家镇的项目为例，全年发电量达到1.4亿度，节约标煤近4万吨，减排CO_2近10万吨。[3]同时，崇明区还提出碳捕集、利用和封存技术（CCUS）以及工业零碳技术等技术的研发与利用，这将进一步推动崇明区的低碳建设。

面对生态环境保护和社会经济发展的双重挑战，低碳发展成为实现这一宏伟蓝图的重要方式和路径。本章通过分析崇明岛近几年碳排放和平均气温变化的趋势和原因，提出促进绿色低碳崇明岛建设的两种路径，CO_2 捕集和 CO_2 资源化利用，其中碳捕集是重点，碳资源化利用是难点。

10.2　崇明岛能耗、碳排放和平均气温变化趋势

工业革命给人类带来了历史上前所未有的繁荣。200 多年来，人类对化石能源和其他不可再生资源的需求成倍增长，当前地球每年自然资源被消耗的速度接近再生速度的两倍，现有的生产和生活方式已不可持续。人类活动大量排放温室气体，是全球气候变暖的主要原因，已经形成对人类长期生存的严重威胁，气候灾害频发，生态退化，空气、土壤、水等环境问题不断显现。

自 2003 年以来，崇明地表 CO_2 浓度持续上升，由 2003 年的万分之 6.45 增长到 2020 年的万分之 7.94。2003～2009 年，崇明地表 CO_2 浓度呈线性增长态势。2010 年之后，在绿色低碳生态岛建设的指导下，CO_2 浓度增长速度变缓，但依然呈现上升趋势（图 10-1）。因此，为了尽早实现净零排放，应以开拓创新、砥砺奋进的姿态推动低碳利用方式的创新和转型。

崇明生态岛 2014 年的平均气温为 15.7℃，2016 年平均温度上升为 16.5 ℃，在 2018 年呈现下降态势，为 16.2℃。尽管少数年份出现了下降，但是总体呈上升态势，2021 年的平均温度上升到 16.9℃，相比 2014 年平均气温上升 1.2℃。崇明年平均最高温度[①] 由 2014 年的 20.0℃上升到 2021 年的 21.7℃，呈现明显的上升趋势（图 10-2）。

2022 年 3 月 4 日，人民日报刊登题为《创新发展动力更强劲》的文章，其中提到崇明生态岛建设案例入选联合国环境规划署向全球推荐的绿色经济教材，成为人与自然和谐共生的"中国样板"。目前崇明可再生能源装机容量已突破 570 兆瓦，全社会用电量的近三分之一是不排碳的"绿电"，由光伏发电、风电、生物质能源等途径产生，占比位居全市各区榜首[4]。

---

① 年平均最高温度是指每年每个月中最高温度的平均值。

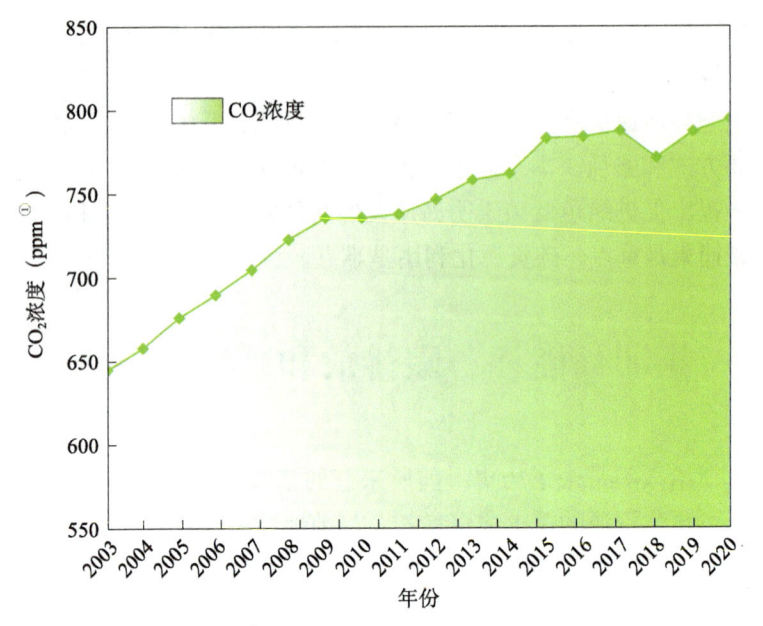

图 10-1　2003～2020 年崇明生态岛地表 CO_2 浓度

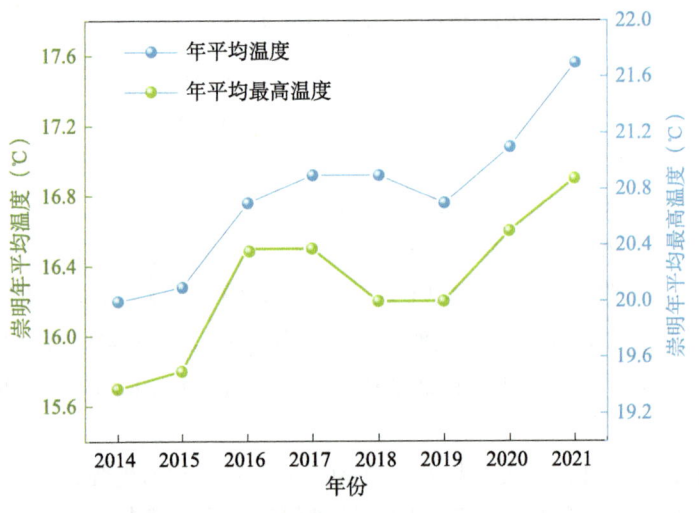

图 10-2　2014～2021 年崇明生态岛年平均温度

资料来源：《崇明统计年鉴》（2015～2022 年）

上海华电崇明绿华 44 兆瓦"渔光互补"光伏发电项目占地 3180 亩，电站总装机容量 110 兆瓦，是"十三五"上海市新能源发电占比达到国家要求的标志性

---

① 1ppm 为百万分之一。

第十章 崇明"双碳"产业经济循环

工程，也是上海最大的"渔光互补"示范工程。该项目把渔业养殖与光伏发电相结合，在鱼塘上方架设光伏板阵列，使下方水域继续养殖鱼虾，形成"上可发电、下可养鱼"的发电新模式（图10-3）。2023年1月18日，崇明新闻中心发布《推动新能源发展助力"双碳"建设》中提到，截至2023年1月，崇明可再生能源装机容量已突破58万千瓦，可再生能源发电量占全社会售电量比重已突破31%。[5] 除了光照赋能，还可"乘风前行"。截至2022年2月，崇明共有五座风电场，分布在前哨、前卫等区域，合计装机容量约223兆瓦。[4] 例如，上海崇明前卫风电场，位于长江口水陆交界处的滩涂地区，共计54台风机树立于长江沿岸，产生的动能源源不断转化为电能。

图10-3 上海华电崇明绿华"渔光互补"光伏发电项目

10.3 绿色低碳崇明生态岛的技术创新

10.3.1 CO_2捕集助力碳减排

碳中和是"立在当下，着眼未来"的战略之举。碳中和追求的最终是一种"碳"的平衡状态，涉及"碳排放"和"碳吸收"两个过程。[6,7] 要实现碳中和的目标，除了提高减排效率之外，最重要的就是从空气中或者烟道气中大规模捕集CO_2，这也是国际能源署（International Energy Agency，IEA）认可的最根本途径。碳捕集作为"碳吸收"最有效、最直接的手段，可以说是碳中和的托底技术。2020年以来，在全球大力推进碳中和的背景之下，碳捕集技术也由此进入发展的快车道。

2022年是实施《崇明区国民经济和社会发展第十四个五年规划和二〇三五年远景目标纲要——暨崇明世界级生态岛发展"十四五"规划》的重要一年，崇明区科学技术委员会提出全面提升生产生活绿色转型的四个方案，指明了努力的方向。[8] 一是坚持减排、控源、固碳，重点围绕节能减排、新材料、新能源等核心要素开展崇明世界级生态岛的科技研究和示范应用。二是配合搭建低碳环保科技创新和产业研发平台。三是加快低碳环保新材料、碳捕集利用与封存等产学研布局。鼓励和培育科技企业围绕CO_2捕集、利用与封存技术、新能源技术、工业零碳技术等技术研发与应用。四是推进"上海碳中和技术创新联盟""上海长兴碳中和创新产业园"落地，推动碳中和科技创新与成果转化。

10.3.1.1　CO_2捕集、利用和封存

碳捕集、利用与封存（CCUS）被认为是最具潜力、最具实效的减排手段，是在CO_2排放前就对它进行捕捉，将其从工业过程、能源利用或大气中分离出来，然后通过管道或船舶运输到新的生产过程进行提纯、循环再利用，或运输到封存地进行压缩注入地下并使其发挥有效作用的过程，达到减排的目的（图10-4）。

图10-4　CCUS概念流程示意图

CO_2捕集分为燃烧前捕集和燃烧后捕集方式，将CO_2从工业生产的过程中"抽"出来。运输即通过罐车、船舶或管道的方式进行运输，将这些捕集的CO_2"聚集"起来。利用即通过工程技术手段，实现资源化利用。比如采油过程中将CO_2注入其中，可以使原油体积膨胀且降低原油黏度有利于原油开采，进而

强化能源生产、促进资源开采。封存即将收集到的 CO_2 注入深部地质储层，实现 CO_2 与大气长时间隔绝的过程，如陆地封存或海洋封存。碳捕集、利用与封存是最直接的一种控制 CO_2 排放的措施，被科学界认为是碳存量治理最有潜力的和最具实效的减排手段，是未来缓减温室气体排放的重要技术路径之一。

为控制温室气体排放，中国石油天然气集团有限公司开展了 CO_2 驱油与埋存、咸水层和油藏碳封存潜力评估、自备电厂烟道气 CO_2 捕集等重要碳减排技术；中国石化集团公司针对性采取减排措施，并借助 CCUS 和林业碳汇等碳移除技术，减少自身碳足迹。随着技术的发展，利用 CO_2 矿化处理废弃物成为新的研究思路，其中 CO_2 掺入混凝土是一种非常有前景的大规模固定 CO_2 的利用路线。CO_2 可与废弃混凝土制得高性能的再生骨料，在反应过程中，骨料表面附着的砂浆中含有的氢氧化钙和水化硅酸钙凝胶，与 CO_2 作用后形成碳酸钙和硅胶并填充于浆体孔隙中，使浆体整体微观结构更加致密，提高骨料性能，满足现阶段的工程应用需求。Solidia Technologies 等公司正在利用该方法，发现与标准混凝土和水泥生产相比，该技术可以减少 70% 的 CO_2 排放量。[9]

10.3.1.2 "多频段"的 CO_2 捕集方案

一个真正的能够应对全球气候变化的 CO_2 捕集方案应该是"多频段"的，即多源、多路径、多频段、按需捕集（图 10-5），否则不可能达到"将全球温升限制在 1.5 ℃以内"这一目标。主要的 CO_2 排放源所对应的各个行业，都必须纳入全频段捕集的范畴。从经济适用性的角度出发，针对不同的排放源，采取相适应的不同捕集方式，可以获得最优的经济效益。

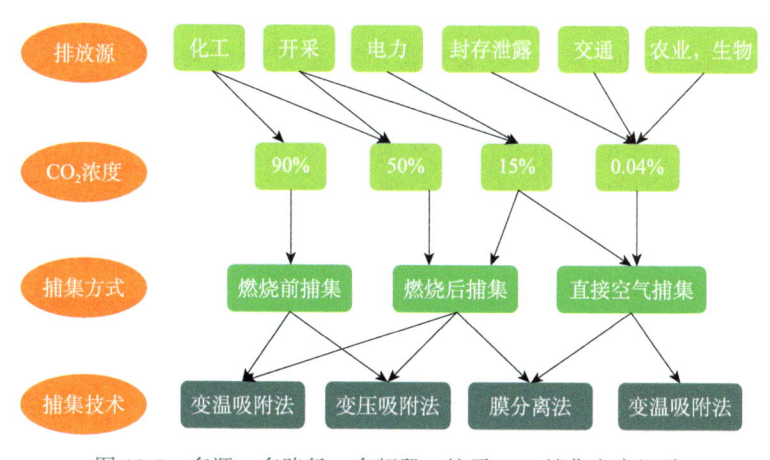

图 10-5 多源、多路径、多频段、按需 CO_2 捕集方案汇总

例如，许多煤化工企业（大型集中排放源，排放 >90% 浓度的 CO_2）的碳排放可以采取燃烧前捕集的方式，发电厂、水泥厂等企业（大型集中排放源，排放 10%～50% 浓度的 CO_2）的碳排放可以采用燃烧后捕集的方式予以处理。这些集中捕集技术相对较为成熟，当捕集地点与利用或封存地址距离较近时，具有经济上的可行性。然而对于交通运输业、封存泄漏等排放（约 1% 浓度的 CO_2），则只能通过空气直接捕集的方式进行，此时，捕集地点不必局限于具体的化工厂、电厂等地点，而应根据捕集后的利用、封存地点进行确定，实现就地捕集和转化利用或封存。

10.3.1.3　CO_2 捕集技术

CO_2 捕集技术是 CCUS 技术的起点，占技术总费用的 75%。因此开发高效碳捕集技术是推广 CCUS 技术，实现 CO_2 减排的核心举措。[6]CO_2 捕集技术有化学吸收法、物理吸收法、吸附法、膜分离法和低温分离法。

（1）化学吸收法：指化学溶剂通过与 CO_2 发生化学反应，对 CO_2 进行吸收，当外部条件（如温度或压力）发生改变时，使得反应逆向进行，从而达到 CO_2 的解吸及吸收剂的循环再生目的。目前较为成熟的化学吸收法工艺多基于乙醇胺类水溶液，如单乙醇胺法（MEA 法）和二乙醇胺法（DEA 法）和甲基二乙醇胺法（MDEA 法）等。虽然化学吸收法是目前工业上捕集 CO_2 使用最为广泛的方法，但仍存在以下问题：捕集工艺能耗大、吸收剂循环效率低、CO_2 回收成本高、捕集设备庞大等。

（2）物理吸收法：在加压条件下用有机溶剂对酸性气体进行吸收来分离脱除酸气成分。溶剂的再生通过降压实现，所需再生能量相对较低。典型物理吸收法包含冷法和热法两种技术。冷法以低温甲醇洗法为代表，大连理工大学从 1983 年开始就从事低温甲醇洗装置模拟分析优化研究工作，并开发出低温甲醇洗装置模拟系统和新的节能型低温甲醇洗工艺流程。热法以聚乙二醇二甲醚溶剂吸收法为代表。物理吸收法适用于气体中 CO_2 浓度较高时的 CO_2 分离。

（3）吸附法：使用吸附剂在一定条件下对 CO_2 进行吸附，改变条件将 CO_2 解吸，从而达到分离 CO_2 的目的。根据吸附条件，分为变温吸附（temperature swing adsorption，TSA）和变压吸附（pressure swing adsorption，PSA）。常用的吸附剂有天然沸石、分子筛、活性氧化铝、硅胶等。但是目前的吸附剂分离效率低，CO_2 选择性差，用于电力行业时，吸附法存在成本过高的问题。

（4）膜分离法：根据不同气体渗透率不同的特点，使用膜分离法来分离气体。膜材料分为有机高分子膜和无机膜。现有膜材料的 CO_2 分离率低，难以得到较高纯度的 CO_2，要实现一定的减排量，需要多级分离。

（5）低温分离法：通过加压降温的方式使气体液化以实现 CO_2 的分离。此方法分离出来的 CO_2 更有利于运输及封存，同时也避免了化学和物理吸收剂的使用。但是分离过程中需要大量耗能，且设备投资大。目前崇明岛最适合的 CO_2 捕获的方式是固体催化剂实现的低温分离法。

10.3.2　CO_2 资源化利用促进低碳循环发展

CO_2 的资源化利用是中国所采取的 CCUS 战略中与国外所采取的 CCS 战略不同的地方。[10] CO_2 作为全球碳循环的必要物质和丰富的碳资源，实施 CO_2 资源化利用策略，将 CO_2 转化为高附加值的产品不但能够减少大气中的 CO_2 浓度，还能够带来可观的经济效益甚至新赛道，更具有现实操作性。CO_2 转化利用在中国已经显示出越来越重要的科技和经济价值。2021 年 3 月，全国政协委员朱建民提出将 CO_2 资源化利用纳入"十四五"规划。目前，根据 CO_2 的利用特点，CO_2 资源化利用主要分为生物利用、物理利用和化学利用等。

10.3.2.1　CO_2 的生物利用

对崇明的整体碳循环过程而言，通过生物方法固定并转化 CO_2 是最符合崇明生态岛自然条件的利用方式。CO_2 可以用来养殖生长周期短的植物或者藻类以生产生物燃料（如生物氢、生物柴油、生物乙醇等）。其中利用微藻固定 CO_2 技术具有应用的潜质。微藻作为固碳生物具有光合速率快、繁殖快、适应环境性强等优点，相当于森林固碳能力的 10~50 倍，且不与粮食作物争地。此外，由于微藻能够利用生活、工业和农业废水作为氮、磷和其他营养物的来源，因此可以实现废水处理、CO_2 固定和生物燃料合成三种过程的耦合，从而使过程的经济效益和环境效益最大。

商业机构积极投入微藻固碳研究，美国 Hypergiant 公司推出一款微藻固碳设备（图 10-6），直接从空气中捕集 CO_2，计划将捕集的藻用于生产清洁的生物质燃料。一台设备吸收 CO_2 的量相当于一英亩树木的吸收量。国内对于使用微藻固碳技术促进碳减排非常重视，2016 年科技部组织的"煤炭清洁高效利用和新型节能技术"重点专项"二氧化碳烟气微藻减排技术"项目在鄂尔多斯市鄂托克旗乌兰镇螺旋藻产业园区建设了示范工程。[11] 深圳特别合作区碳中和示范基地微藻固碳暨干冰转化项目于 2021 年 7 月在华润海峰电厂动工，建成后将达到每年固定 20 万吨煤化工烟气 CO_2。[12]

图 10-6 美国 Hypergiant 公司发布的微藻固碳设备

10.3.2.2 CO_2 的物理利用

CO_2 的物理利用主要是依据 CO_2 的特殊物理化学性质将其应用于生产生活中，很少涉及 CO_2 的化学变化（图 10-7）。比如，根据 CO_2 化学性质稳定、密度大于空气、不支持燃烧等性质，常将 CO_2 作为切割、焊接金属的惰性保护气和灭火材料；依据 CO_2 无毒、液态 CO_2 气化吸热等性质，将 CO_2 用作陈列冷柜冷却剂、食品保护气或用于食品保鲜、碳酸饮料制备等；依据干冰（固态 CO_2）升华吸热的性质，将 CO_2 用于人工降雨、舞台烟雾制造等。从 2019 年中国 CO_2 消费结构看，国内 CO_2 最主要的应用在焊接与切割、饮料及食品行业。

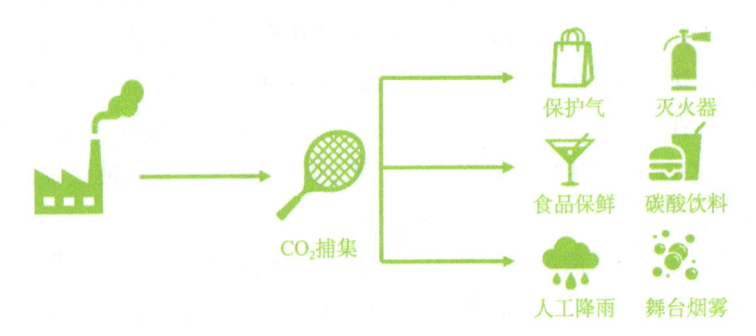

图 10-7 CO_2 的物理利用形式

10.3.2.3 CO_2 的化学利用

为持续推动低碳建设，加快推进低碳技术应用和机制创新，崇明区进一步创

第十章 崇明"双碳"产业经济循环

建低碳示范工作方案，如通过减排、控源、固碳、增汇推进碳中和工作；加快低碳环保新材料、碳捕集利用及封存等产学研布局。针对这一低碳示范方案，华东师范大学赵晨课题组考查了崇明区化石能源消耗结构。数据显示，崇明化石能源的消耗40%用于工业应用（主要是电力和热能部门），因此要减少碳排放，要技术创新，首先攻克的就是电力和热力部门。为了降低工业过程中（发电厂、钢铁厂等）的CO_2排放量，还要重视CO_2捕集和资源化利用技术的应用。[13-14]

CO_2的化学利用主要是以CO_2为原料，通过化学反应生产具有高附加值的产品，即把生产过程中排放的CO_2进行捕集后投入新的生产过程中，将CO_2变废为宝（如转变为燃料或原料），可以循环再利用，而不是简单地封存，使其免于碳税的沉重负担，这也是CO_2资源化利用未来重要的发展方向。CO_2可转化为甲烷、甲醇、合成气、乙酸等产品。但由于CO_2是一种惰性气体，需要大量能量才能使其发生化学反应，这意味着将其转化为其他产品的成本可能会很高昂，克服这个问题就需找到不需要消耗大量能量的产品，或者找到转化CO_2低能耗方法。

根据电厂和钢铁厂主要采用燃烧后捕获的情况，华东师范大学团队开发了具有高CO_2吸附量的二维纳米片材料[15]。在模拟烟道气的低压吸附条件下，200℃达到2wt%的CO_2吸附量。该吸附剂具有较快的吸附-脱附速率，完成一个吸附-脱附过程仅需2分钟。脱附可以通过升温实现。且该吸附剂具有优异的稳定性能，可以循环使用500小时，并采用挤条成型方法。该捕获材料可以用于发电厂（上海长兴岛热电有限责任公司）的CO_2捕集（图10-8）。

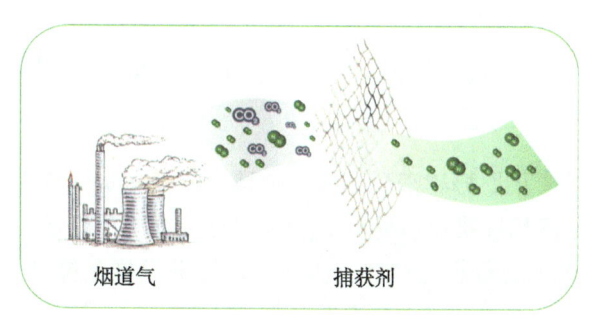

图10-8 烟道气中的CO_2捕集

如果将捕集的CO_2都进行封存，不仅需要大量的能耗，而且对人类安全存在不利影响。因此，可以将捕集的CO_2用于切割焊接的保护气、灭火器等，也可以将捕集的CO_2转化为其他化学品，如甲烷、甲醇、乙酸等。考虑到部分发电厂已经实施了煤改气技术，如果能将捕集的CO_2在绿氢的作用下转化为天然气（甲

133

烷），不仅能够有效减少 CO_2 的排放量，还能够有效提高 CO_2 的经济利用价值，进而达到节能减排的双重功效，在崇明岛形成闭环，最终达到净零排放。绿氢来源可以采用电解水制氢。为此，华东师范大学团队研发了高活性、高稳定性的 CO_2 捕集—转化一体化的双功能 Ni 基催化剂[16]。经过评估，该催化剂在 300 ℃ 表现出 100 % 的 CO_2 转化率和 99% 的甲烷选择性，且该催化剂能够稳定运行 100 小时。该过程的实施可以应用于天然气发电厂（上海申能崇明发电有限公司），将发电过程中排放的 CO_2 捕集后，转化为甲烷再次发电，进而形成闭环循环，实现电厂的高效减排（图 10-9）。

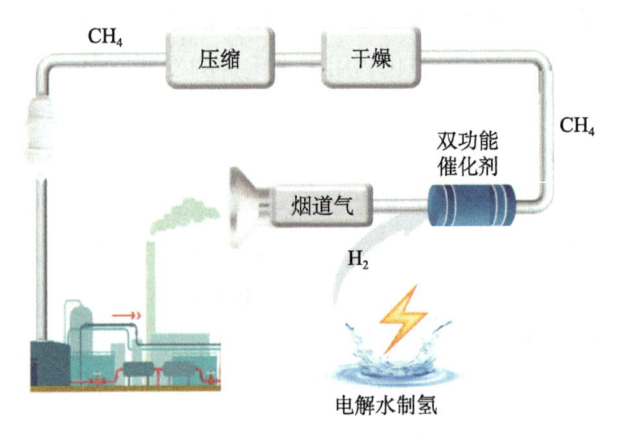

图 10-9　捕集—转化一体化转化 CO_2 为甲烷（闭环循环）

10.4　崇明生态岛建立碳中和示范区的相关建议

当前全球气候变化形势越来越严峻，全球气候变化成为人类共同面临的严峻挑战，各国根据自身情况提出碳达峰碳中和目标。我国已经成为世界第二大经济体，传统行业实现绿色高效化转型、实现绿色低碳发展是推动经济高质量发展、加强生态文明建设、维护国家能源安全、构建人类命运共同体的必然选择。实现碳达峰、碳中和是一项大规模系统工程，涉及政府、地区、排放企业等多方参与者。需要构建适合区域发展的新型体系，在整体推进过程中要加强各方在技术、治理、标准、生态等层面的交流与协作。

工业碳排放约占总碳排放的 38%，而电力排碳占工业碳的 15% 左右，因而电力行业的碳减排任务艰巨。实现电力行业的低碳发展，对我国碳中和目标的实现至关重要，对未来的能源稳定、电力系统安全长效发展都具有重要意义。CO_2捕集是CCUS的核心技术，但传统的技术流程成本高昂，阻碍了CCUS的大规模应用。国际能源署（IEA）在《通过碳捕集、利用与封存实现工业变革》提出CO_2捕集对CCUS整体技术链条的成本贡献达到70%。崇明岛最适合的CO_2捕集的方式是利用固体催化剂实现的低温分离法。

实现"双碳"目标，要紧紧依靠一系列颠覆性、变革性的能源技术的突破作为战略支撑。以"双碳"领域的技术需求为导向，加快推进核心技术的突破和产业化，推动绿色低碳科研成果转化为现实生产力，助力崇明世界级生态岛的建设，为上海高质量发展作出贡献。

崇明更是提出，要率先在全市范围内打造成为"碳中和"示范区。崇明岛是一个高度耦合、互相关联、多尺度的复杂自适应系统，其发展需要产业、科技、资本、人口、能源、贸易、物流等不同资源的拉动，并形成区域协同效应。崇明须立足能源转型和传统行业融合发展的背景，统筹兼顾政府、企业、社会等多方面需求，探索把握"双碳"目标下崇明生态岛经济发展和减碳约束下的主要矛盾，形成具有地区特色的转型模式。

本章参考文献

[1] 徐建中，佟秉钧，王曼曼. 空间视角下绿色技术创新对CO_2排放的影响研究[J]. 科学学研究，2022，11：2-12.

[2] 前瞻产业研究院. 2021年低碳科技白皮书[R/OL]. https://img4.qianzhan.com/pdf/web/viewer.aspx?s=aHR5hf0cHM6Ly9pbWc0LnFpYW56aGFuLmNvbS9yZXBvcnQvZmlsZS8yMS8yMTExMDMxNTI3MTYxNjM3LzIxMTEwMzE1MjcxNjE2MzdfY2F0YWxvZy5wZGY=&t=2021%e5%b9%b4%e4%bd%8e%e7%a2%b3%e7%a7%91%e6%8a%80%e7%99%bd%e7%9a%ae%e4%b9%a6[2021-10-30].

[3] 上海市崇明区人民政府新闻中心. 崇明：打造"碳中和"示范区，可再生能源项目不断上马[EB/OL]. https://www.shcm.gov.cn/xwzx/002004/20220211/0d283af3-0aa4-437c-b9a6-7388435032b4.html［2022-02-11］.

[4] 上海市崇明区人民政府新闻中心. 绿色能源赋能世界级生态岛[EB/OL]. https://www.shcm.gov.cn/xwzx/002001/20220309/91249bc2-32c7-4228-8051-ee6d78466476.html.

[5] 上海市崇明区人民政府新闻中心. 推动新能源发展助力"双碳"建设[EB/OL]. https://www.shcm.gov.cn/xwzx/002001/20230118/2b6dc65f-1b0a-431c-8047-180622bad023.html［2023-01-18］.

[6] 张晓娣. 正确认识把握我国碳达峰碳中和的系统谋划和总体部署——新发展阶段党中央双

碳相关精神及思路的阐释[J].上海经济研究.2022,2：14-33.

[7] 张振.深入推进节能降耗工作 助力实现碳达峰、碳中和目标——国家发展改革委有关负责同志就《完善能源消费强度和总量双控制度方案》答记者问[J].中国经贸导刊,2021,（19）：13-16.

[8] 上海市崇明区科学技术委员会.2022年上海市崇明区科学技术委员会工作要点[R].上海,2022.

[9] Zhang Z, Li Y, Zhang W, et al. Effectiveness of amino acid salt solution in capturing CO_2: a review[J]. Renewable and Sustainable Energy Reviews, 2018, 98: 179-188.

[10] DeepTech.化气为宝,点碳成金,碳捕集、利用与封存（CCUS）技术适逢其时,2022全球CCUS技术及应用专题报告[R].北京,2022.

[11] 龙菲平,迟庆雷.微藻生物固碳技术研究和应用情况[J].智能建筑与智慧城市,2022,4：126-129.

[12] 生态环境部环境规划院.中国二氧化碳捕集利用与封存（CCUS）年度报告（2021）——中国CCUS路径研究[R].北京,2021.

[13] 王玉瑛,侯立波.二氧化碳资源化利用及分析市场[J].化学工业,2016,34（4）：41-44.

[14] 温倩,郑宝山等.石化和化工行业碳达峰、碳中和路径探讨[J].化学工业,2022,40（1）：12-18.

[15] 赵晨,田井清,赵培培.一种MOF成型材料应用于低温二氧化碳捕获[P].中国专利,申请号：202110895812.7.

[16] 赵晨,赵培培,田井清.一种双功能催化剂应用于烟道气中CO_2捕获-甲烷化一体化[P].中国专利,申请号：202120895455.4.

第三篇

生态岛屿联盟与崇明贡献

第十一章

生态岛屿联盟建设背景、目标、任务与思路

张维阳[1,2]，刘珺琳[1,2]，钟无双[1,2]
（1.崇明生态研究院；2.华东师范大学城市与区域科学学院）

11.1 建设背景

（1）推进生态文明建设，协调三生空间。

生态文明建设是中国特色社会主义事业的重要内容。党的十八大报告从新的历史起点出发，做出"大力推进生态文明建设"的战略决策。党的十九大报告对生态文明建设做了进一步强调，将"美丽"二字写入社会主义现代化强国目标。习近平总书记指出，生态环境保护是功在当代、利在千秋的事业[1]。在上海卓越全球城市建设、长三角一体化乃至国家生态文明战略的背景下，崇明岛牵头组织生态岛屿联盟建设，不仅践行了国家生态文明战略，且有助于各岛屿交流相关经验，共同更好地贯彻"人民城市人民建，人民城市为人民"，协调生态、生产和生活空间。生态岛屿联盟建设亦有助于沿江沿海岛屿联合推进污染防治、生态保护，以及绿色发展的经验交流，构建美丽中国时代的生态绿色屏障，推进沿江沿海地区环境保护与可持续发展。

（2）创造和谐人地关系，实现可持续发展。

在人文生态系统中，人类和自然环境相互制约也相互依存。面对资源约束趋紧、环境污染严重、生态系统退化的形势，必须创造和谐的人地关系，尊重自

然、保护自然[2]。目前,"水-土-地-生-人"系统存在环境恶化、资源短缺等问题,影响人类生存和发展。在此背景下,提高对人地关系的认识,顺应地理环境发展规律,充分合理利用地理环境本底,是实现可持续发展道路的重要保障。岛屿的自然环境保护、绿色持续发展同土地资源、水系网络、地貌特征、生物多样性及人类生产生活密不可分。基于此,倡议开展生态岛屿联盟建设,可在环境保护、节能减排、生态宜居、经济发展等方面进行经验交流、合作互助,践行社会、经济、环境相协调、可持续的发展观,有助于实现人地关系健康发展。

(3) 生态系统改善与科技创新并重,致力"双碳"目标实现。

我国持续推进产业结构和能源结构调整,大力发展可再生能源,同时兼顾经济发展和绿色转型,致力碳达峰和碳中和目标的实现。在这一过程中,生态系统改善与科学技术创新是两大关键抓手,也是两项重要挑战;这与生态岛屿联盟建设目标相契合。一方面,生态岛屿联盟的生态网络建设助力"双碳"目标实现。镇江江心洲、襄阳长寿岛、重庆皇华岛、大连长海县、上海崇明岛、温州洞头岛等岛屿,或依长江或临海洋,拥有丰富的江岛滩涂湿地与森林资源,具有强大的碳汇功能。另一方面,生态岛屿联盟的创新实践支撑"双碳"目标实现。诸多生态岛屿致力于提高清洁能源开发利用效率、健全低碳循环经济体系等,并走出一条低碳发展之路。例如,大连长海县大力推进零排放岛的建设目标;珠海横琴岛全方位建设资源节约、环境友好的"生态岛";崇明加大部署,在生态岛屿建设方面先行探索低碳发展目标等,为中国实现"双碳"目标提供了宝贵经验。

(4) 贯彻落实全球发展倡议,共赴2030年可持续发展目标。

联合国提出2030年可持续发展目标,旨在推动世界和平与繁荣、促进人类可持续发展。其中,在生态方面的目标主要涵盖农业、能源、湿地、可持续的生产和消费方式、气候变化、生态系统等[3]。生态岛屿联盟建设,可通过探索岛屿生态-生产-生活空间协调发展模式,巩固提升生态资源品质、促进生态环境质量提升、推动生态环境优势转化为生态经济优势,为解决联合国所关注的社会、经济和环境三个维度协调发展问题,提供岛屿可持续发展的中国方案。

(5) 引领国家海洋经济发展,提升岛屿服务国家战略能力。

海洋经济是建设海洋强国的重要支撑。当前海洋经济产业结构需要进一步优化,海洋资源要素配置能力需要不断提升,海洋科技创新需要取得突破,海洋生态环境需要加强治理。生态岛屿联盟建设,有利于岛屿之间开展深层次、宽领域的合作与交流,有助于推动海洋产业发展高端化、海洋产业绿色转型、陆海经济互动发展。生态岛屿联盟建设名单中,大连长海列岛、上海崇明岛、舟山岛、福建平潭岛、烟台长山岛、莆田湄洲岛、珠海横琴岛、海南岛、香港岛、澳门岛等岛屿，皆沿江靠海。开展岛屿联盟建设，可进一步推动商品要素资源在沿江沿海各省市范围内畅通流动，促进江海沿线地区的经济发展；同时依托海洋科技创新进一步优化产业布局，在新型海洋化工、海水淡化及综合利用、海洋生物医药等领域取得更大突破。

（6）贯彻T形国土开发战略，为助力沿江沿海可持续发展注入新动能。

中国科学院院士、著名经济地理学家陆大道先生提出我国T形空间结构战略，认为以东部沿海地区和横贯东西的长江沿岸相结合的T形结构构成了我国国土开发战略的主形态[4]。生态岛屿联盟中诸多岛屿位于T形主轴线上，加强岛屿联盟建设，在新旧动能转换的重要关口，对由点到线，由线及面地助力沿江沿海地区走生态优先、高质量绿色发展之路具有重要意义。生态岛屿联盟，通过发挥各岛屿在不同领域的引领示范效应，在生态环境、资源利用、经济社会协调发展等领域形成联盟方案，可为长江经济带、沿海地区可持续发展注入新动能。

11.2 建设目标

（1）打造沿江沿海开发保护绿色屏障。

生态岛建设对于沿江沿海区域的环境保护意义重大，鉴于生态岛屿特别是崇明在长江口的重要位置和在生态环境综合监测方面的经验，由崇明发起的生态岛屿联盟建设将带动流域生态安全屏障和生物多样性保护体系的建立。严格落实"共抓大保护，不搞大开发"，深入践行"绿水青山就是金山银山"的发展理念，因地制宜、多措并举，以生态岛屿联盟建设为出发点，打造绿色连廊，降低经济建设等人类活动对自然的扰动，逐步恢复岛屿植被和生态环境，提高生物多样性，努力守住沿江沿海地区生态安全底线，筑牢沿江沿海开发与保护的绿色屏障。

（2）开启生态文明建设成果示范窗口。

各个沿江沿海生态岛屿在生态建设、绿色发展、资源禀赋等方面具有不同特色。沿海岛屿具有内陆生态系统不可替代的优势，也是生物多样性的天然宝库。例如，南京八卦洲拥有省级湿地公园；镇江江心洲坐拥丰富的江岛滩涂湿地资源，是国家级农业生态旅游景区；襄阳长寿岛湿地保有率超过80%，是国家级湿地公园；平阳南麂列岛是国家级海洋自然保护区等。优良的生态本底为各岛屿建设奠定了坚实的基础，为国家生态文明建设和乡村振兴提供示范，为沿江沿海地区保护开发提供引领。生态岛屿联盟建设可为全国"绿水青山就是金山银山"的生态文明建设提供丰富生动的案例，为长江经济带大保护当好标杆和典范，甚至可为保护全球生物多样性贡献"中国智慧"。

（3）提供生态岛屿建设发展互鉴交流平台。

生态岛屿最大的优势是良好的生态环境，如何将生态环境资源转变成持续的生产力，各个岛屿积累了丰富的实践经验。例如，崇明生态岛传统产业园区，以"科创+"为核心，找准智慧数据产业为新生替代产业，建设了智慧岛数据产业园区；烟台长山岛批复设立长岛海洋生态文明综合试验区；苏州太湖生态岛建立零碳生态岛，并加快建设与之匹配的生态岛交通系统和新能源发展体系；新加坡·南京生态科技岛定位为建设科技研发、创意智慧和高端总部高度聚集的国际化产业园区。但由于缺乏共享与交流，不同岛屿之间无法取长补短、互通有无。岛屿间纵然发展基础、建设侧重点呈现多样性，但生态岛屿联盟作为岛屿之间交流联系的平台，建成后可为诸多岛屿推进生态经济建设提供丰富的样本和素材；同时，生态岛屿联盟建设过程中对标世界一流水平，构建生态岛屿评价指数（见本书第一篇），对各岛屿生态建设情况开展阶段性评估，可以客观评估生态保护进展和成效。生态岛屿联盟建设的目标之一即为打造岛屿资源、人才、资本、信息汇聚的平台，岛屿之间交流、学习、合作的主渠道。

11.3 关键任务

崇明岛具有沿江沿海的地理优势、世界级生态岛的品牌声誉，背靠现代化国际大都市上海。以崇明岛为锚点的全国生态岛屿联盟建设关键任务在于：提供岛屿合作交流契机，系统梳理沿江、沿海岛屿信息；发挥崇明世界级生态岛的示范带动作用，分享交流生态岛屿建设经验；在生态保育、绿色发展、绿色科技创新、三生空间协调、生态治理等方面形成系列建设标准和联盟方案；搭建岛屿间资源共享、优势互补的合作平台，完善岛屿产学研转化链条。

（1）系统梳理沿江、沿海岛屿信息，摸清家底。

全国岛屿数以万计，岛屿面积在500平方米以上的就有7000余个，其中台湾岛、海南岛和崇明岛为面积排名前三的岛屿。按其成因分类主要包括以受新华夏构造体系控制形成的基岩岛屿，河流泥沙冲积而成的冲积岛，以及珊瑚堆积而成的珊瑚礁岛。按其分布来看，主要分为海洋中的海岛和江河、湖泊中的内陆岛屿，前者主要分布在辽东半岛沿海、山东半岛沿海、浙闽沿海、华南沿海和台湾附近海域；而后者主要分布在长江干流，在太湖、黄河、滦河等主要河流和湖泊亦有分布。这些不同规模、不同类型的岛屿有些集聚了大量的产业和人口，成为人类世代居住的重要栖息地，有些处于生态保育状态，尚未被开发利用。生态岛屿联盟以华东师范大学崇明生态研究院为发起单位，联络沿海和沿江的系列岛屿，客观准确掌握岛屿及周边的生态、生产、生活条件与现状，对生态岛屿发展状况做出准确判断，为沿江沿海岛屿可持续发展的有效决策提供依据。

（2）总结主要生态岛屿建设经验，互通有无。

不同的岛屿具有不同的发展和保护特点，但大都面临着生态环境脆弱、生态保护和产业发展间存在矛盾等问题。各个岛屿在发展建设中既形成了较好的做法和经验，也有在产业发展、居民生活、生态保育等方面的不足与教训。这些生态岛屿建设经验往往具有较大的可推广、可复制价值；一些地区生态岛屿建设的教训对其他岛屿也具有重要的参考意义。例如，崇明岛在垃圾分类、循环经济、环境保护、生态保育、制度创新等方面总结了可示范其他同类岛屿地区的较好做法[5]。大连长海岛在海岛历史文化资源保护、海洋牧场发展、海岛全域生态保护、数字科技赋能岛屿生活等方面先行先试，摸索出一批生态岛屿建设经验。因此，凝练不同岛屿的生态建设经验，对于探索最符合各岛屿实际的生态、生产、生活协调发展之路具有重要参考意义。生态岛屿联盟建设的关键任务之一便是总结主要生态岛屿建设经验，在生态空间布局、生态环境保护、城乡融合发展、生态产业体系、生态人居环境、生态治理体系等方面形成丰富的经验案例库。

（3）针对水文、土壤、气候、生物的生态保护，制定岛屿行动方案。

我国沿江沿海岛屿串珠状分布，不仅是我国经济发展的重要轴带，也是生态保护的主要屏障。从自然地理过程来看，水文、土壤、气候、生物等要素在岛屿内相互影响，某一要素的变化会引起其他要素或整体发生相应改变；岛屿之间也进行着彼此物质或能量的交换。一个最典型的例子就是长江上下游岛屿在环境退化、水质污染和生物多样性下降方面存在相互影响。此外，由于岛屿生态环境相对闭合，每一个岛屿都有相对独立的自然生态系统，也孕育出独特的生物群落。针对岛屿自然生态系统的相互关联性和独特性，不同类型岛屿、毗邻岛屿间应针对水文、土壤、气候、生物等自然地理要素确立共同保护目标和实施方案。生态岛屿联盟建设可发挥共商共建共享平台作用，在岛屿水环境治理、岛屿土壤环境保护、岛屿大气环境保护、岛屿生物多样性保护等方面，制定共同行动方案。

（4）完善岛屿产学研转化链条，建立共享平台。

第十一章　生态岛屿联盟建设背景、目标、任务与思路

我国不同岛屿在生态保护、产业发展、人居生活等方面具有各自独特的优势，又汇集了不同机构的科研力量，形成相关经验做法和科研成果。各岛屿之间应共享科研资源、打破过去各自产学研转化的封闭做法，将不同岛屿的相关科研成果、产业实践、人才培养等方面统筹起来，推动好的科研成果在多岛屿转化落地，整合高校和地方资源，推动跨岛屿间成果转化的研发平台、孵化平台和产业化基地的落地。例如，华东师范大学的科研团队针对河口淤积岛屿肥力低下的问题，在横沙岛促淤圈围区开展土壤改良研究并取得科研成果，改良土壤后水稻单位面积产量有了显著提升。这一农田可持续利用的解决方案对长江流域其他岛屿的水稻耕作具有较大推广价值。完善岛屿间产学研转化链条，为岛屿科技成果与产业转化提供共享平台是岛屿联盟建设的关键任务之一。

11.4　建设思路

生态岛屿联盟建设以华东师范大学崇明生态研究院为发起单位，借助崇明世界级生态岛的品牌优势，联络沿海和沿江的系列岛屿，发起生态岛屿联盟，致力于形成岛屿生态建设的协作方案与联盟倡议。主要举措包括：①梳理沿海和沿江岛屿信息并形成信息库；②针对沿江沿海岛屿的政府、景区管委会或科研单位，采取官方发函、合作单位牵线等多种方式，表达合作意向，建立联络；③对意向接洽单位进行实地调研访问，签署合作备忘录，推广崇明生态岛建设经验，并挂牌"崇明生态研究院科研基地"；④适时召开生态岛屿联盟成立大会，发布"江海岛屿生态联盟建设倡议"，制定生态岛屿联盟合作共建推进机制；⑤在生态保育、绿色发展、绿色科技创新、三生空间协调、生态治理等方面形成系列建设标准和联盟方案；⑥以岛屿为基点，推广绿色发展经验到更广阔腹地，为新时代国家高质量发展构筑一纵一横的沿江沿海绿色屏障。

生态岛屿联盟以崇明岛为中心，沿长江流域自东向西扩展，沿海岸线分别向南北扩展，综合考虑岛屿规模、岛屿类别、开发状态、合作基础等，拟选择其他沿江岛屿联盟成员13个，沿海岛屿联盟成员19个，包括崇明岛在内共计33个岛屿为计划邀请成员单位（图11-1）。其中，沿江岛屿联盟成员主要包括西山生态岛（太湖市）、句容生态陈庄、八卦洲（南京市）、新加坡·南京生态科技岛、江心洲（镇江市）、世业洲（镇江市）、扬中市①、黑沙洲（芜湖市）、橘子洲（长

---

① 扬中市包括雷公岛、太平洲、西沙、中心沙四个江岛。

沙市）、长寿岛（襄阳市）、百里洲（宜昌市）、广阳岛（重庆市）、皇华岛（重庆市）；沿海岛屿联盟成员主要包括长海县①、舟山岛、洞头岛（温州市）、平潭岛（福建省）、长山岛（烟台市）、连岛（连云港市）、岱山岛、嵊泗县②、南麂列岛（平阳市）、玉环市③、湄洲岛（莆田市）、东山岛（漳州市）、南澳岛（汕头市）、横琴岛（珠海市）、东海岛（湛江市）、海南岛、香港岛、澳门岛、金门岛。

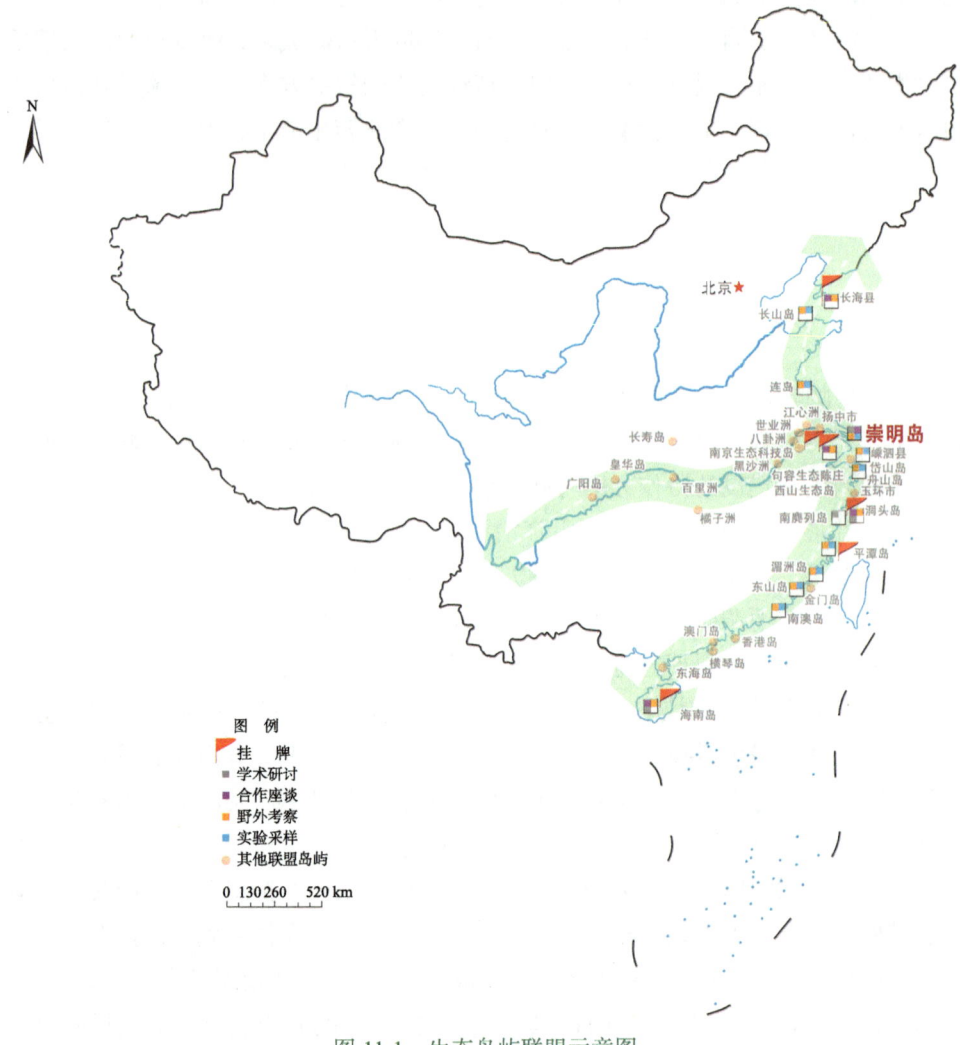

图 11-1 生态岛屿联盟示意图

① 长海县由 195 个海岛组成，包括大长山岛、格仙岛等，统称长山群岛。
② 嵊泗县由 404 个岛屿组成，包括泗礁岛、枸杞岛等。
③ 玉环市由 55 个岛屿组成，包括楚门半岛、玉环本岛及鸡山、披山、洋屿、大鹿、茅埏、横床等。

本章参考文献

[1] 习近平谈治国理政[EB/OL]. http://cpc.people.com.cn/xuexi/n/2015/0720/c397563-27331980.html[2020-08-16].
[2] 中共中央文献研究室. 十八大以来重要文献选编[M]. 北京：中央文献出版社，2018.
[3] 刘珉，张鑫. 联合国可持续发展目标与生态保护修复[J]. 绿色中国，2017（23）：62-66.
[4] 陆大道. 国土开发与经济布局的"T"字型构架与长江经济带可持续发展[J]. 宏观经济管理，2018（11）：43-47，55.
[5] 孙斌栋. 崇明世界级生态岛绿皮书2020[M]. 北京：科学出版社，2020.

第十二章

生态岛屿联盟建设基础——岛屿概况与案例

盛蓉

(崇明生态研究院)

12.1 我国沿江沿海岛屿概况

12.1.1 我国沿江沿海岛屿的数量、分布与基本情况

我国海岸线总长度达 3.2 万多千米，长江全长达 6300 多千米，沿江沿海分布着众多岛屿。根据我国海军测量部队编著的我国第一部海岛志《中国沿海岛屿简况》，我国拥有面积在 500 平方米以上的岛屿 6536 个，除了海南岛、台湾岛两个大岛，以及香港、澳门及所属岛屿，其他众多岛屿总面积达 6600 千米^2，其中约 85% 位于杭州湾以南的大陆近岸和南海中。[1] 2017 年，自然资源部海岛研究中心联合自然资源部第一海洋研究所、信息中心和技术中心等共同发布《海岛生态指数及发展指数评价研究报告》。[2] 从生态环境、生态利用和生态管理三方面，基于地方填报、遥感解译、最新数据统计调查、实地核实及补充调查等手段，开展了黄渤海区、东海区和南海区三个海区 40 个海岛（含无人岛）的生态指数评价和 30 个海岛（不含无人岛）的发展指数评价。这一工作为近期海岛研究中岛屿数量和范畴提供了有价值的参照。同时，国内实践领域近年来也开始关注重庆广阳岛等长江的江心岛，结合我国构筑沿江沿海绿色屏障的战略指向，表 12-1 初

第十二章 生态岛屿联盟建设基础——岛屿概况与案例

步梳理了我国沿江沿海部分岛屿在生态保护、产业发展以及居民生活方面协调发展的基本情况。

表 12-1 我国沿江沿海部分岛屿的生态、生产及生活亮点

岛屿简况	生态保护	产业发展	居民生活
辽宁大连长海县（长山群岛）			
长山群岛以国际生态岛为建设目标	海岛、岸线及近海保护，合理利用海洋资源	发展国家海洋牧场先导区、海岛旅游业等	厚惠民生、农村环境整治
山东烟台长山岛			
2018 年山东设立长岛海洋生态文明综合试验区	整治修复海岸线	生态旅游、生态渔业、生态康养	垃圾污水处理重点攻坚，提升获得感
江苏连云港连岛			
打造国际旅游岛	对沙滩等进行整体修复	以生态旅游为核心的休闲度假旅游产业	提高当地居民整体服务水平
上海崇明岛			
坚持生态立岛，厚植生态优势，建设世界级生态岛	长江口生态修复，生态多样性保育	海洋装备、生态农业及生态旅游	提升农村居民收入及民生水平
浙江舟山岛			
舟山群岛中最大的岛屿，中国第四大岛	建设各类国家级和省级海洋保护区	国际休闲度假岛，海洋产业集聚区	提升居民幸福感
浙江岱山岛			
隶属浙江省舟山市，舟山群岛中部	海岛水资源保障，零碳岛清洁能源，彩色健康森林建设	海洋运动岛、海洋文化旅游岛、船舶工业和临港装备制造业	综合改善人居环境
浙江嵊泗县（嵊泗列岛）			
浙江省最东部、舟山群岛最北部的海岛县	嵊泗马鞍列岛国家级海洋特别保护区（国家级海洋公园），清洁能源建设	国际休闲度假岛、美丽渔村休闲岛	完善环境、交通基础设施
浙江南麂列岛			
国家级海洋自然保护区，纳入联合国教科文组织世界生物圈保护区网络	保护海洋贝藻类、鸟类及珍稀海洋动植物，滨海生态防护带	海岛旅游	综合环境整治
浙江温州洞头岛			
第二批"绿水青山就是金山银山"实践创新基地	蓝色海湾修复，规范、高效使用海洋自然资源	全域海岛旅游	共同富裕，完善居民用水、医疗等设施

147

续表

岛屿简况	生态保护	产业发展	居民生活
浙江台州玉环市			
以东海山城、欢乐渔岛为定位	生态环境综合治理	生态渔业、海岛旅游	改善人居环境、民生水平
福建福州平潭综合实验区（平潭岛）			
综合实验区	生态治理、海洋资源可持续利用	全域旅游、农业	城乡融合、人居环境提升
福建莆田湄洲岛			
国家旅游度假区	水生态环境治理、生态湿地	海岛旅游	提升乡村整体环境、海漂垃圾治理
福建漳州东山岛			
入选国家"两山"实践创新基地及首批40个国家农业可持续发展试验示范区	海洋生态修复、生物多样性修复	景观旅游业，有光伏、海洋生物科技等产业	扩展公众亲海空间
广东汕头南澳岛			
以"生态岛、山海城"为建设理念	海岛首个污水净化人工湿地、水改工程、污水处理工程和垃圾处理场	生态旅游	提升环境质量和综合服务水平
广东珠海横琴岛			
资源节约、环境友好的生态岛	生态修复、低碳清洁能源发展	粤澳深度合作区	民生优先，粤澳合作中为澳门居民提供便利的条件
广东湛江东海岛经济开发试验区（东海岛）			
全区由东海岛、硇洲岛、东头山岛、南屏岛等四个海岛组成	海洋生物资源丰富	现代乡村产业体系	农村人居环境整治
海南岛			
提出"生态立省"的战略	建设生态安全保障体系、环境质量保障体系、资源可持续利用体系	生态经济体系	人居生态体系、人口生态体系、生态文化体系
江苏苏州太湖生态岛			
建设太湖生态岛	美丽河湖整治建设	"生态农文旅"联动发展	特色田园乡村吴中样板
江苏句容陈庄			
江苏省特色田园乡村	乡村生态环境治理	自然农法种植业	提高村民收入及生活环境水平

第十二章　生态岛屿联盟建设基础——岛屿概况与案例

续表

岛屿简况	生态保护	产业发展	居民生活
江苏南京八卦洲			
又称江中绿岛，有省级湿地公园	湿地保护	生态湿地旅游	环境综合整治
江苏扬中市（雷公岛、太平洲、西沙、中心沙）			
由雷公岛、太平洲、西沙、中心沙四个江岛组成，全国首批"国家级生态示范区"	江滩资源、候鸟保护	基于生态资源的生态村庄、森林公园主题的生态旅游	全面提升教育、卫生、养老、文化等水平
江苏南京新加坡·南京生态科技岛			
位于江苏省南京市建邺区江心洲	绿链+岛城+水岸的生态宜居布局	定位为建设科技研发、创意智慧和高端总部高度聚集的国际化产业园区，顶级人才、高新项目和国际资本有效对接的国际化发展平台	建设持续发展、生态文明和社会和谐相互交融的国际化示范社区
江苏镇江江心洲			
四面环江，国家级农业生态旅游景区	江岛滩涂湿地资源保护	生态旅游	为居民提供生态休憩设施和服务
江苏镇江世业洲			
江中沙洲型平原岛屿，四面环江	全岛生态环境整治，恢复生态岸线	定位为以"生态、旅游、度假、运动"为主题的国家级旅游度假区	整治乡村水系，提升人居环境
安徽芜湖黑沙洲			
位于皖江中段	生态保育、防治自然灾害	特色农业、环保绿色食品生产	提高居民生活水平
湖南长沙橘子洲			
位于湖南省长沙市岳麓区湘江中心，国家5A级旅游景区	水域综合治理	生态休闲旅游	为居民提供生态休憩设施和服务
湖北襄阳长寿岛			
位于汉江中，国家级湿地公园	森林覆盖率达72.5%，湿地保有率超过80%	生态休闲旅游	提升居民生活水平和生活质量
湖北宜昌百里洲			
长江第一大江心洲	保护生态、生物资源	生态旅游、生态种植业等	提升居民居住环境和生活水平

149

续表

岛屿简况	生态保护	产业发展	居民生活
重庆广阳岛			
长江上游的江心绿岛	重庆的特色江河景观和生态资源储地，山水林田湖草生态修复	绿色制造、绿色能源、绿色交通	完善公共服务供给
重庆皇华岛			
位于重庆市长江江心	重庆皇华岛国家湿地公园，具有丰富的湿地动植物和景观资源	长江上游的岛屿湿地生态旅游基地	提升综合环境水平

注：此表由笔者自行整理，内容和数据来自各个岛屿所属地区的官方网站信息、规划以及调研信息等

12.1.2 我国沿江沿海岛屿的生态保护概况

我国沿江沿海岛屿往往将生态涵养保护放在首位，其主要原因在于岛屿所处的位置一般在陆海（水）交界处，生态系统环境十分脆弱，并且时常处于自然灾害侵袭的危险中。此外，由于岛屿在空间上的封闭性和独立性，难以满足现代工业体系发展中对于交通、协作的需求，岛屿传统产业的结构较为单一，占据主导地位的一般是农业及休闲旅游产业，而要获得产品及服务的较高价值回报都需要良好生态环境基础，因此与自然和谐相处、生态优先是沿江沿海岛屿保护与发展的首要目标。

从以上初步梳理的岛屿概况来看，目前我国沿江沿海岛屿的生态保护举措主要涉及三个大方向。一是海岸带、水域生态环境修复，严控海洋、水域环境污染排放，缓解人类活动给生态环境带来的压力，如辽宁大连长海县和山东烟台长山岛都整治修复了海岸线，江苏连云港连岛和浙江温州洞头岛修复了沙滩环境等，江苏苏州太湖生态岛等进行了美丽河湖建设及湿地、江滩等的生态整治修复。二是规范高效使用海洋资源，提高对海洋资源价值的认识，探索实现海洋资源价值的高值化利用路径。各地依托海洋生态岛建设了诸多海洋自然保护区及湿地公园，如上海崇明岛积极保护鸟类及各类珍稀海洋动植物资源，福建福州平潭岛进行海洋资源的可持续、高效利用。三是合理规划生态空间，为生态环境保护和资源合理利用提供保障，岛屿的空间与用地原本就围绕生态本底展开，经过综合的生态环境整治和修复之后，生态空间得到强化，森林覆盖率、湿地保有率及城镇

公共绿地的比例都比较高。

12.1.3　我国沿江沿海岛屿的生态产业概况

我国沿江沿海岛屿的产业发展普遍趋于生态化，主要围绕生态种植和养殖，生态旅游及产业的智能化与服务化展开，基于传统的农业和养殖业，与第二、第三产业串联，实现产业发展的转型和升级。目前我国沿江沿海海岛的生态产业发展主要有以下几个方向。

一是生态农业与旅游联动。这是各岛屿之间的普遍共性，是沿海沿江岛屿生态经济发展的主要路径。由于岛屿的区位条件和交通条件都不是很理想，岛上一般都是开发建设水平较低的乡村、乡镇。同时由于靠海吃海或者河流冲积土壤条件较好，这些岛屿在传统上都是以养殖业或者种植业为主，并且基于自身田园风光和优良的生态环境，成为周边的居民的生态休闲旅游地，景观、民宿及相关的文化、体育产业得以发展，岛屿逐渐发展为城市居民释放身心疲惫与感受岛屿文化的目的地。

二是海洋特色制造业。鉴于海岛本身具有独特的地理条件和生态本底，普通的加工制造行业显然与这种先天的条件无法匹配，但一些具有海洋特色的制造业却有极大的潜力。上海崇明长兴岛的海洋装备产业已形成集群式的发展态势，浙江舟山群岛海洋产业集聚区的海洋装备产业也在加速发展，此外辽宁长海县的水产品精深加工等也在海水养殖产业的基础上走出了一条新的产业之路，但是海洋特色制造业的发展需要具备一定的产业基础，而且在短期内很难形成集聚优势，因此我国沿江沿海制造业的总体发展仍较为薄弱。

三是探索创新的产业经济发展路径。岛屿特殊的空间条件可以为一些创新、实验或者示范提供条件，如福建平潭综合实验区的开放合作经济，广东珠海横琴岛的粤澳深度合作区的建设，以及辽宁长海县的普惠金融发展模式等，都是一些创新的尝试。此外，岛屿生态产业体系中对循环经济和环保产业等的发展也给予了较大的关注及支持。

12.1.4　我国沿江沿海岛屿的居民生活概况

居民生活水平的提升是我国沿江沿海岛屿发展的又一重要目标，由于岛屿居民特别是乡村人口的原有收入水平有限，因此目前岛屿环境民生建设普遍关注原住居民生活水平的提高，特别是公共服务综合水平（以往囿于交通条件普遍不高）提升，一方面为岛屿居民改善生活条件，另一方面也为岛屿未来的产业发展和旅游环境提供基础设施的保障。

在基础环境设施方面，大多数岛屿都进行了人居环境整治，特别是提升了乡村基础设施水平，如福建漳州东山岛扩展了公众的亲海空间，镇江世业洲对乡村水系进行整治，山东烟台长山岛对垃圾污水处理重点攻坚；在公共服务水平方面，致力于提升岛屿居民的收入，提高居民的幸福感和获得感，加强乡村居民各项权益保障，如福建福州平潭岛设立了进城落户农民依法自愿有偿转让退出农村权益制度，保证他们的土地和资源权益。总的来说，针对海岛空间区位的局限性，全面提升岛屿居民医疗、教育和文化体育等公共服务水平，为岛屿居民提供更便捷的生活设施，也以生态、宜居以及便利的生活空间吸引、留住岛屿产业发展的人才。

12.2 岛屿保护与发展经验案例——大连市长海县

12.2.1 长海县及长山群岛概况

（1）长海县及长山群岛基本情况。

位于大连市长海县的长山群岛，是我国八大群岛之一。长海县是长白山山脉的延伸，主要地貌特征为丘陵、海蚀地貌和海积地貌。长海县是东北地区唯一的海岛县，也是全国唯一的海岛边境县，全县由195个海岛组成，陆域总面积约为142千米^2，其中大长山岛31.4千米^2、小长山岛22千米^2、广鹿岛31.2千米^2、獐子岛9.9千米^2、海洋岛19.6千米^2，其他海岛共27.9千米^2，海域面积达到10 324千米^2，海岸线长359千米，全县户籍人口68 329人。[3]长海生态环境监测站的数据显示，2021年长海县空气质量优良达标天数比例达到96.3%。海水能见度深达10余米，是国家无污染一类海区，大气环境达到国家一级标准，被誉为"天然氧吧"，森林覆盖率为47.78%，拥有国家级海岛森林公园。[4]在海洋和海岛生态环境方面已经形成了明显的优势，具备发展生态海岛的有利条件。

（2）国际生态岛建设与群岛生态经济发展。

在以海岛群为特点的空间本底之上，长海县进一步叠加生态优势，一是打造国际生态岛，锚固生态优势和生态影响力；二是推动群岛生态经济发展，带动经

第十二章 生态岛屿联盟建设基础——岛屿概况与案例

济和社会的全面升级。

长海国际生态岛打造生态优势和影响力。长海县"十四五"规划将建设国际生态岛作为未来发展的总体定位，旨在为建设海洋强国和大连全球海洋中心城市作出长海贡献，并提出到2049年基本建成海洋生态健康、海洋经济可持续、海洋文化和谐、海洋治理高效的现代化国际生态岛（图12-1）。

图 12-1 长海国际生态岛建设的目标与时间节点

大连长山群岛海洋生态经济区带动经济社会全面发展。2021年，国家发展和改革委员会印发《辽宁沿海经济带高质量发展规划》，对辽宁沿海经济带的发展对东北全面振兴中的引领价值进行了高度的肯定。特别提出了"大力发展海洋经济""推动绿色发展，绘就高质量发展底色"等战略导向。大连长山群岛海洋生态经济区则正是位于这一经济带核心区。根据大连市长海县的相关规划，大连长山群岛海洋生态经济区总规划面积为124.34千米^2，范围为长海县除海洋岛以外的所有岛屿，在组织管理架构上设立大连长山群岛海洋生态经济区管委会，作为大连市人民政府的派出机关，与长海县人民政府实行"一套机构、两块牌子"的管理体制，并设立长海县园区改革领导小组。[5]这一生态经济区的建立，旨在在既有的旅游胜地建设和海洋牧场建设基础上，进一步挖掘长山群岛和长海县的绿色发展潜力，吸引更多的高质量、高附加值及高环境绩效的产业及企业加入大连长山群岛海洋生态经济区的建设，善用生态资源、海洋资源及旅游资源，促进高质量生产要素及产业集聚，实现生态环境效益、经济效益和社会效益的统一。

12.2.2 长海县及长山群岛生态保护经验

（1）大力推动海岛、岸线及近海保护，形成人海和谐共赢局面。

长海县以群岛为主要空间载体，其生态环境建设及保护主要围绕海岛、岸线及近海环境展开。长海县对全县177个无居民海岛现状进行全面核查，对全县18个有居民海岛岸线进行了修测，精准划定岸线功能区，严管严控海岛开发利用。[6]此外，在河（库）长制之外，长海县还于2021年全面推行湾长制。根据《长海县湾长制工作实施方案》，聚焦长海县海岸线向海一侧至 500 米范围，特别是入海排污口区域，建设湾长制组织体系并且完善湾长制责任体系。当前我国沿海快速工业化和城市化使陆源性污染排入大幅增加，加之近岸海域开发，环境不断恶化。人类活动和产业经济的发展对海洋环境特别是近海环境造成了极大的潜在威胁，据生态环境部相关公报，近年来我国典型海洋生态系统长期处于"亚健康""不健康"状态。有研究表明，长山群岛人地关系始终处于生态赤字状态并仍然在扩大。[7] 长海县全面推行湾长制，为海洋特别是近海环境的保护提供了制度性的保障，以推进"水清滩净、鱼鸥翔集、人海和谐"的美丽海湾建设。

（2）合理开发海洋资源，提升海洋资源及产品的利用效率。

长海县通过分区管理和加强管控的方式，推进海洋资源的合理利用，以实现可持续开发利用海洋养殖和旅游资源的目标。比如，有序开展"退养还海"工作，在国土空间规划中合理划分海洋功能分区，宜养则养、宜旅则旅，加强海域管理和审批，大力开展无证浮筏清理整治行动，净化海面环境，促使生态系统良性循环。[8] 此外，还通过引入社会主体和市场化机制来创新、规范权益类生态产品的交易，提高生态空间和生态产品的利用效率。具体通过招拍挂方式提高海域使用效率、增加海域使用金收入。[9] 在"十四五"期间，根据相关规划内容，长海县还将全面实行排污许可制，推进排污权、用能权、用水权等市场化交易，严格使用契约制度和以海域为重点的资源有偿使用制度。

12.2.3　长海县及长山群岛产业发展经验

（1）可持续渔业与国家海洋牧场先导区。

截止到 2022 年，长海县已创建国家级海洋牧场示范区 13 家。以加快构建健康、立体、可持续的渔业发展模式为目标，以海洋牧场为特色，打造国家海洋牧场先导区。"十三五"期间，全县共有国家级海洋牧场示范区 10 个，市级海洋牧场示范区 2 个，累计补助资金近 3 亿元，撬动社会资金 3 亿多元。长海县还出台了《大连市长海县现代海洋牧场建设总体规划（2016—2025 年）》。

"十四五"时期，长海县提出构建现代生态渔业发展空间布局，以"一核、四区、一平台"为抓手，打造獐子岛现代海洋牧场核心示范区、海洋岛现代海洋牧场创新示范区、大长山岛现代海洋牧场示范区、广鹿岛现代海洋牧场示范区、小长山岛现代海洋牧场示范区，以及集多功能一体的、覆盖全域的、智能化、可视化、信息化的海洋牧场监测服务平台（图 12-2）。

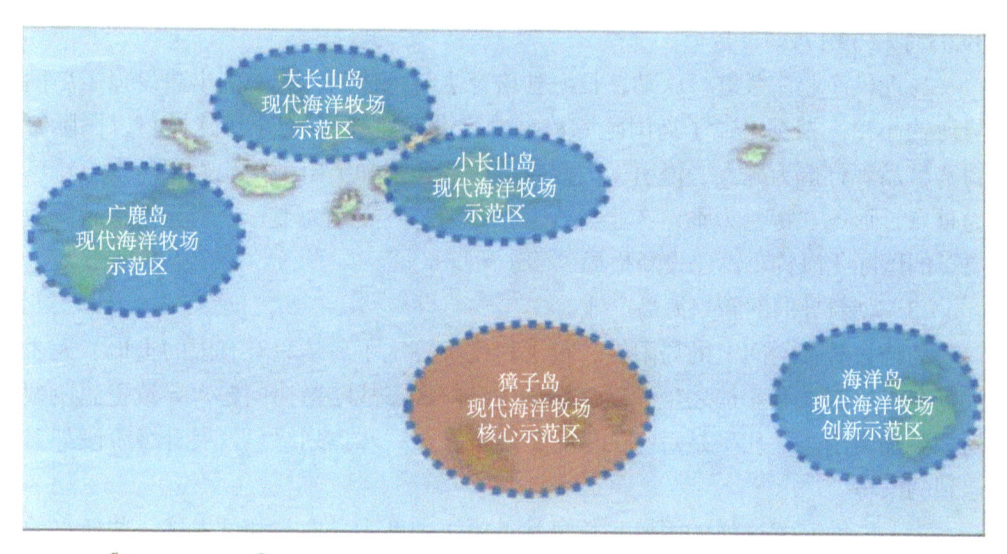

第十二章 生态岛屿联盟建设基础——岛屿概况与案例

图例 ⚬ 一核 ⚬ 四区

图 12-2 "十四五"时期长海县现代生态渔业规划示意图

注：底图来自《长海县国民经济和社会发展第十四个五年规划及二〇三五年远景目标纲要》

与养殖业相关的精深加工产业，是长海县在养殖业基础上延伸出的另一产业路径，可以增强加工制造业对地方经济的支撑能力。2018 年 12 月，《长海县推进县域第二产业发展三年行动计划（2018—2020 年）》提出着力推进水产品精深加工集约化、规模化发展，推动水产品加工企业以并购重组方式集中整合，形成发展合力。鼓励水产加工企业以速食、便食等形式，基于品牌战略进行水产品精深加工，通过对接电商平台，提升长海水产品的市场知名度。

（2）群岛型全域旅游。

长海县以群岛全域旅游战略为主，将生态旅游作为支柱型产业之一，群岛联合旅游开发模式是主要的特色。有学者关注长山群岛的联合旅游开发模式，提出了不同时期的一核多星、多核多星和网络节点布局形式。[10]2020 年，大连市印发《大连长山群岛旅游度假区总体规划 2020—2035 年（修订版）》，将长山群岛定位为，集海岛休闲养生、避暑度假、生态观光、海洋文化体验、体育运动旅游、商务会议等功能于一体的温带海岛休闲度假中心，集海洋保护、海洋科考、全民环境教育、休闲游憩等功能于一体的国家海洋公园。[11]近年来尽管受到新冠疫情影响，2021 年"五一"假期期间，长海县以"生态、亲海、慢生活"为主线，共接待上岛游客 27 681 人次，实现旅游综合收入 3316.19 万元，比 2019 年分别增长

39.05% 和 39.17%。[12]

与现代渔业体系进行联动，长海县培育了特色休闲渔业，提出建设獐子岛国际海钓小镇。根据《獐子岛国际海钓小镇建设发展规划》，小镇建设将以国际海钓赛事品牌打造为亮点，以引进国际高端产业要素和突出中国北方海岛本土特色为重点，形成"特色为本，产业为核，项目为基，文化为魂，创新为力，品质为要"的国际化海钓小镇建设新格局。

（3）创新导向的新兴海岛产业。

岛屿自身在空间上的局限性，很大程度上决定了岛屿只有有限的土地、人才及资金等资源要素。加之生态岛建设的生态红线、战略留白问题，导致资源瓶颈问题更加突出。这几乎是每一个生态型岛屿在进一步谋划绿色发展升级阶段都会遇到的困境。

为了能够破解这样的困境，长海县希望以创新为导向，尝试发展一些新兴的海岛产业：一是新能源赛道，主要关注清洁能源，重点是风能、深冷能源综合利用等；二是环保和绿色循环产业，重点是废物处理、循环利用、节能环保装备、海水淡化等；三是普惠金融生态岛模式，为养殖户等涉农主体以及小企业提供了融资的可能性及便利。

12.2.4　长海县及长山群岛宜居生活经验

1. 厚惠民生

在宜居生活方面，长海县提出要厚惠民生，创造更加美好的人民生活，至2020年，农村居民人均可支配收入已达 34 618 元。除了加强传统产业的发展与转型外，长海县尝试通过农村产权流转的方式，进一步提升农民收入，提高乡村整体的生活质量和水平。根据相关的"十四五"规划，长海县计划完善县镇两级农村产权流转交易市场建设，推动资源要素公开交易，让集体资产能交易、能投资、能增值，把资源优势转为经济价值。

早在 2017 年，长海县就已发布《长海县健全生态保护补偿机制实施方案》，以形成生态补偿的富民效应。在海洋资源使用方面，提出探索建立健全海域、海岛有偿使用制度，落实国家、省、市关于捕捞渔民转产转业补助政策，提高转产转业补助标准。健全渔业增殖放流和海洋生态环境修复补助政策。探索建立国家级海洋自然保护区、海洋特别保护区生态保护补偿制度。在耕地资源使用上，探索完善耕地保护补偿制度。建立以绿色生态为导向的农业生态治理补贴制度，对在地下水漏斗区、重金属污染区、生态严重退化地区实施耕地轮作休耕的农民给予资金补助。推动落实国家鼓励引导农民施用有机肥料和低毒生物农药的补助政策。

2. 提高乡村居民环境福利

乡村人居环境综合整治是长海县提高居民生活条件的重要措施，长海县对农村生活污水和垃圾进行治理，积极建设美丽乡村。

根据《长海县农村生活污水治理专项规划（2021—2025年）》，截至2020年，长海县5个镇的6个中心村已建设污水收集设施，现有污水处理设施已覆盖5个镇18个建制村，占长海县涉农建制村总数的69.2%，已经基本形成了农村生活污水治理的网络体系，当然仍有少数区域缺乏污水管网，存在直接外排现象。长海县"十四五"规划显示，长海县在"十三五"期间已完成4个镇污水处理厂提标、维修改造，广鹿岛镇政府污水处理厂建设和獐子岛镇政府水处理系统集中整治正在加快推进，城镇污水集中处理率和生活垃圾无害化处理率均为100%，村屯污水处理站普及率69.2%。

12.3 岛屿保护与发展经验案例——温州市洞头岛

12.3.1 洞头岛概况

1. 洞头岛基本情况

温州市洞头区地处浙南沿海，西接瓯江口，与龙湾区、乐清市隔海相望，东临东海，南与瑞安市北麂、北龙列岛一水相连，北与台州玉环市隔海相邻。洞头拥有302个岛屿和351千米的海岸线，总面积2862千米^2，其中海域面积占了近95%。洞头是我国14个海岛区（县）之一，是温州唯一的海岛区，素有"百岛洞头"的美称。2015年7月洞头撤县设区，截至2022年辖6个街道、1个镇、1个乡，户籍人口15.5万。建设有洞头国家级海洋公园，是第二批"绿水青山就是金山银山"实践创新基地。

2. 海上花园战略构想与"三区战略"

2003年，习近平总书记在浙江任职期间对洞头未来发展做出重要指示，提出洞头"建设海上花园"的构想。在"十四五"规划时期，洞头提出真正建设成为名副其实的海上花园总目标，计划到 2035 年全面建成海洋经济全国示范、海岛旅游国际影响、生态人居全球典范的海上花园。

2021 年，《温州市洞头区国民经济和社会发展第十四个五年规划和二〇三五年远景目标纲要》提出"三区战略"，在生态立区、旅游兴区和海洋强区方面分别设定了战略路线。

第一是生态立区，提出把生态立区作为贯穿各个领域发展的主线，作为统筹各项开发建设的主脉，践行绿色发展理念，遵循自然规律，守牢生态红线，保持定力，深入开展岛礁保护、生态修复、景观提升行动，持续改善生态环境质量，给子孙后代留下天蓝海碧、山清水秀的美好家园，争取达成生态人居全球典范目标；第二是旅游兴区，提出把旅游作为战略性支柱产业和富民产业来发展，推进全域景区化、旅游主业化，打造蓝色康养示范区、海岛旅游度假区，大力推动旅游创新发展、特色发展、融合发展，发挥旅游辐射效应、富民效应、聚合效应，争取达成海岛旅游国际影响目标；第三是海洋强区，提出要紧紧抓住海洋开发的战略机遇，做足海的文章，加大陆海统筹、内外开放力度，强化要素保障、体制创新，引进大企业，建设大项目，开发大小门（岛），构筑以临港工业、绿色石化、港航物流、现代渔业为主的海洋产业体系，做强海洋经济，弘扬海洋文化，为建设海上温州提供重大支撑，争取达成海洋经济全国示范目标。[13]

12.3.2　洞头岛生态保护经验

1. 两次入选国家"蓝色海湾"综合整治行动项目

截至 2019 年，洞头已经两次入选国家"蓝色海湾"整治项目，得到国家在海洋生态环境修复领域的支持。2016 年，洞头入选全国首批"蓝色海湾"整治试点，主要进行海洋环境综合治理、沙滩整治及生态廊道三大修复工程。2019 年，洞头再次入选"蓝色海湾"整治项目，主要实施海岸带、滨海湿地及海岛生态修复三大工程。近年来，洞头岛的滨海湿地修复取得了显著的成效。根据调查，洞头岛目前岸线使用中渔业岸线、交通岸线占绝大多数比例，其中绝大多数岸段的使用都是适宜的。[14] 由于洞头处于南北过渡带，同时具有种植南方红树林和北方柽柳的条件，出现了"南红北柳"并存的景象。这表明目前洞头岛的"蓝色港湾"整治效果较好，海洋生态环境修复和整治的情况比较理想。

2. 美丽海湾建设

美丽海湾建设的提出是洞头区进一步开展生态保护修复，并且提升海湾生态效应、社会效应和经济效应的举措。2022年1月，洞头区人民政府印发了《温州市洞头诸湾美丽海湾建设方案》，提出"海上花园"式"美丽海湾"的建设目标，探索"美丽海湾"保护与建设的典型经验模式。[15]

除了常见的生态修复和环境质量提升外，亲海空间提升和蓝色碳汇建设是美丽海湾建设的创新亮点。该方案在亲海空间提升上提出："开展实施"净滩净海"工程，加强海湾巡滩和垃圾治理，打造"无废"海滩，加强海水浴场环境监测预警，提升海水浴场环境质量。""提振城镇化旅游富民产业链，壮大未来乡村文旅产业，全域打造美丽大花园，推动渔民转型"富民计划"，凝练提取洞头海岛特色海洋文化元素，打造海洋海岛特色文化体验基地。"在蓝色碳汇建设上提出："推动洞头海上风电场和渔光互补光伏发电项目取得积极进展。开展海洋蓝碳生态系统本底调查，通过红树林、柽柳种植等，提升海湾碳储量；探索海洋牧场、海水养殖生态增汇新途径；维护海洋碳汇生态系统结构和功能的完整性。"

12.3.3 洞头岛产业发展经验

1. 社会资本参与海洋经济发展

洞头海洋生态经济区是温州海洋经济发展示范区的重要组成部分，民营经济参与生态修复，将生态优势转化为经济优势，取得了广泛的关注。

洞头借助社会资本推进"海上花园"建设，生态修复充分发挥温州民营经济优势，按照"谁修复、谁受益"的原则，积极探索社会资本参与海洋生态修复新模式，先后吸引了10多家民企参与，实现了从政府"孤军奋战"到引入社会资本"共同参与"的深刻转变。例如，洞头将韭菜岙沙滩租赁给文化旅游公司管理和维护，打造"网红"效应，不仅减轻了地方政府对沙滩后续维护的成本，同时让企业得到了海岛旅游发展红利。[16] 政府和金融机构对于社会资本和社会主体参与生态经济发展也给予灵活的、创新性支持。据媒体报道，针对民宿经营者想要改善和扩大经营但缺少资金支持的情况，洞头农商银行基于民宿的收益权向该民宿经营者发放民宿收益权贷款，贷款金额8万元，贷款利率低于该行个人信用贷款平均利率水平200个基点。[17]

洞头的这一创新尝试入选了2020年自然资源部发布的《社会资本参与国土

空间生态修复案例（第一批）》。当地还出台《社会资本参与海洋生态保护修复项目建设管理试行办法》，按照"谁修复、谁受益"的原则，通过赋予一定期限的自然资源资产使用权等方式，积极探索出了一条社会资本参与海洋生态修复的"新路子"，让"海上花园"变为现实。

2. 全域旅游产业

为了可持续发展全域旅游产业，温州市洞头区发布《洞头区海岛公园建设三年行动计划（2020—2022）》，推进海岛公园十大标志性工程建设。计划项目总投资突破 300 亿元，切实将洞头打造成国际休闲度假型海岛旅游目的地，全面建成海岛公园。

在"十四五"规划期间，根据《温州市洞头区旅游业发展"十四五"规划》，洞头区针对旅游产业及产品单一、同质化等问题，计划积极融入国家和区域战略，寻求更多的发展机遇，提出从融入长三角旅游一体化发展、丰富优质旅游产品供给、升级智慧旅游体验、打造精品主题旅游线路等方面，推动全岛全域旅游的升级发展。其目标是到 2035 年，全域形成具有较强竞争力的现代海岛旅游业体系，全面创成三张"国字号"旅游金名片，即：国家全域旅游示范区、国家级旅游度假区、国家 5A 级旅游景区，旅游业生产总值在 2025 年基础上实现再倍增，游客和居民满意度达 95%，真正成为高质量发展的"海上花园"海岛旅游目的地。[18] 这一目标达成所需的空间及功能载体结构如表 12-2 所示，展示了洞头区旅游业发展创新优化的新格局。

表 12-2 "十四五"规划期间洞头区旅游业发展创新优化新格局

格局	主要内容	功能单元及作用
一环	依托大门大桥、甬台温高速复线、G330 国道和航道设施，统筹内部三大片区	联结温州市区与乐清，实现内外产业协同、要素互动、资源共享的海洋旅游联动环
三区	洞头核心岛屿片区	中心城区集中引入海岛旅游休闲等高端服务业，成为辐射周边海岛群的现代服务业集聚发展核心区
	大门鹿西一体化发展区	建设大门-鹿西旅游集散中心，并融入鹿西岛渔港、渔村、海洋牧场等生态旅游资源，形成集生态康养与度假休闲于一体的产旅融合旅游示范区
	瓯江口片区	以瓯江口产业集聚区的核心区块建设为引领，统筹协调瓯江口新区二期、灵昆岛区域建设，着力打造湾区滨海旅游城市新引擎

续表

格局	主要内容	功能单元及作用
多岛	状元岙：国际邮轮岛	打造集邮轮旅游、商贸旅游、休闲度假、运动娱乐于一体的国际邮轮岛
	霓屿岛：国际康养岛	打造"两园三村五区"，重点发展健康养生和休闲度假两大领域，建设成为海岛康养休闲度假样板区
	大瞿岛：国际艺术岛	有效利用大瞿无人岛充足可建设用地资源，打造集艺术创作、休闲运动、生态康养等功能于一体的海岛艺术旅游度假胜地
	南策岛：国际海钓岛	建设露营海钓区、探险海钓区、体验海钓区、沙滩钓区、渔排钓区和船钓区
	竹屿岛：国际婚旅岛	打造集时尚婚庆、蜜月度假、浪漫爱情等于一体的、充分展现洞头特色婚旅文化品位的爱情旅游岛形象
	半屏岛：两岸同心岛	以两岸半屏山闽南文化为情感纽带，建设海峡两岸"同心小镇"
	鹿西岛：国际慢城岛	丰富慢岛旅游体验业态，打造国内知名的"花园鹿西，离岛慢城"

注：表格内容根据《温州市洞头区旅游业发展"十四五"规划》的相关内容整理而来

12.3.4 洞头岛宜居生活经验

1. 共同富裕

在保障海岛居民生活方面，洞头发布了《关于坚持农业农村现代化发展 加快推进海岛共同富裕的若干意见》，其中提出了众多农业农村产业化现代化发展的支持措施，以提升居民生活水平，切实给岛民收入增加提供了实惠与支持，旨在实现海岛共同富裕。

根据以上意见，在优化近海捕捞业上，对近海小型渔船拆旧建新给予不同数额的补助，鼓励国内海洋捕捞渔民减船转产；在提升水产养殖业上，鼓励工厂化、规模化养殖，按照相关的设施或设备投资额给予一定的奖励，并对生态养殖改造行为给予补助；在渔农加工业上，对符合要求的新增设备投资，按照一定比例给予补助；在扶持生态农业上，对发展绿色农业、休闲农业以及盘活耕地资源等给予不同程度的补贴；此外，为了促进农产品品牌建设和农村电商发展，对渔农产业品牌的门店形象打造、展示展销给予补助和奖励，支持电商的物流、网销和直播等。以上的每一项都是居民关心的切身利益问题，洞头的这些举措将共同富裕的目标落到实处，以此提升居民的获得感和幸福感。

2. 改善海岛居民用水与医疗状况

海岛居民的用水和医疗问题一直是解决海岛民生问题的困扰。洞头区人民政府与温州医科大学附属第二医院举行"山海"提升工程，以建立城市医院与县级医院紧密合作新机制为核心，以数字化改革为支撑，着力推进优质医疗资源扩容下沉和区域均衡布局。[19]海岛居民的用水问题普遍较难解决，温州唯一的离岛乡镇洞头鹿西乡更是面临用水难的问题，为了补充天然降雨，在做好岛际调水工作的同时，洞头引入了海水淡化工程，一期工程每日可生产符合标准的淡水500吨。[20]以此为离岛居民的日常生活用水及日益增长的民宿经营用水提供可靠的保障。

12.4 岛屿保护与发展经验案例——福建省平潭岛

12.4.1 平潭岛概况

平潭是福建率先改革开放的地区和两岸交流合作的前沿平台，海洋自然资源十分丰富，建有平潭综合实验区。

"一岛两窗三区"战略布局是习近平总书记亲自擘画的平潭战略发展布局。在"十四五"时期，平潭进一步确定了旅游岛建设和对台合作的发展思路，并且对这一发展思路进行了层次化的具体设计，丰富了这一战略思路的内涵和步骤。

2021年，平潭综合实验区发布《平潭综合实验区国民经济和社会发展第十四个五年规划和二〇三五年远景目标纲要》，提出到2035年，"一岛两窗三区"战略蓝图全面实现，台胞台企登陆第一家园先行区全面建成。战略蓝图包括奋力打造知名的国际旅游岛、奋力打造示范先行的闽台合作窗口、奋力打造更高水平的国家对外开放窗口、奋力建设高质量的新兴产业区、奋力建设高品质的高端服务区、奋力建设高品位的宜居生活区。

土地利用也紧紧围绕对台合作来整体布局，根据《平潭综合实验区土地利用总体规划（2011—2030年）》，在生态保护方面，以塑造风貌、保育生态、严控建设为主，加强对珍稀野生动植物、自然保护区、森林公园、重要湿地、风景名胜、历史文化、生态公益林等的保护，建成具有海岛浓郁自然、人文和景观特色的宜居生态岛城。在农用地特别是耕地和园地利用方面，充分发挥平潭海岛自然资源优势，积极推进闽台特色精致农业基地建设，发展现代化高效农业，打造平潭特色观光休闲生态农业园，建立两岸休闲养生的共同家园。在非农建设用地的利用方面，突出对台产业特色，为打造两岸现代化服务业合作基地、教育文化创意产业合作基地、海洋经济示范基地、高新技术产业基地和科研基地，建设国际知名海岛旅游休闲目的地提供必要的土地保障。

12.4.2 平潭岛生态保护经验

1. 规范海域使用权

随着养殖用海需求与近海环境与海洋资源保育之间的关系日渐紧张，对海洋资源的利用需要以更加有效、可持续的方式进行。2020年，《平潭综合实验区养殖用海海域使用权审批发证实施方案（试行）》在空间上划定平潭的养殖用海范围，提出养殖项目海域使用需要按照规定的流程审批办证。

该实施方案提出海域属于国家所有，使用海域应当依法缴纳海域使用金。在本辖区特定海域范围内排他性持续使用海域的当事人，依法获批用海并缴纳海域使用金，取得海域使用权后使用海域。已经由农村集体经济组织或者村民委员会经营、管理的养殖用海，符合规划且在一定期限内，由该农村集体经济组织或者村民委员会优先提出养殖用海审批申请。农村集体经济组织或者村民委员会依法取得养殖用海海域使用权后，可将相应养殖用海的海域使用权发包给本集体经济组织的成员或现已进行养殖生产的养殖户经营，增加村财收入，振兴乡村经济。如果是农村集体经济组织或者村民委员会之外的单位和个人或者同一海域有两个以上农村集体经济组织和村民委员会拟申请使用海域养殖的，需要依法采用招标、拍卖或者挂牌等市场化方式出让海域使用权。

2. 构建生态安全格局

生态空间的构建不仅关系到当地居民的生态环境福祉，也与地方的生态安全密切相关。《平潭综合实验区国土空间总体规划（2018—2035年）》，提出要整体谋划和科学统筹城镇、生态、农业、海洋等空间布局，强化生态保护红线，永久基本农田、城市开发边界底线的约束。立足平潭山海资源禀赋，优先保护各类自然生态空间，构建"一屏、四廊、八区"的生态安全格局。

一屏是指依托龙头山、十八村森林公园、君山、沿海基干林带等重要山体、林地，形成环绕城市的绿色防风屏障。四廊是指构建幸福洋—瓦瑶山—长江澳—君山、海坛湾—中央公园—芦南湖、坛南湾—三十六脚湖—牛寨山四条生态通廊，并发挥廊道的生态和休闲服务功能。八区是指形成坛南湾—山岐澳，海坛湾、长江澳和幸福洋地区四个海岸及近海生态控制区，草屿—塘屿—东甲岛及周边海域、大练—小练—屿头及周边海域、东庠—小庠及周边海域、牛山岛及周边海域地区四个海岛生态控制区。

12.4.3 平潭岛产业发展经验

1. 建设平潭国际旅游岛

全域旅游是平潭岛在旅游方面采取的主要战略，早在2018年当地就发布了《平潭综合实验区全域旅游示范区创建实施方案》。2021年，又出台了《平潭综合实验区关于推进旅游业高质量发展的意见》，进一步强调了推进全域旅游发展的目标，全面构建"一廊两环五区"的国际旅游岛建设发展格局，在国际化方面推行国际通行的旅游服务标准，完善旅游基础设施和公共服务体系，全面提升旅游管理和服务水平，以多元旅游产品体系，创新旅游融合发展新业态。在旅游主题规划上，主要是以音乐、艺术为龙头打造欢乐岛、以品牌赛事打造活力岛、以提升旅游体验打造舒心岛。[21] 目标是到2025年，平潭国际旅游岛基本建成，成为两岸同胞向往的幸福家园和国际知名的海岛休闲度假旅游胜地。

在规划全域旅游的同时，对用地、用林和用海进行了统筹安排。根据以上的实施方案，探索旅游综合用地开发模式，鼓励以先租后让、租让结合、长期租赁等多种方式供应旅游项目建设用地。对在城镇开发边界（城市和乡镇建设用地扩展边界）以外的乡村旅游、休闲农业等建设用地，依据建（构）筑物占地面积及必要的环境用地等点状布局，依法依规供应土地。农村集体经济组织可依法使用建设用地自办或以土地使用权入股、联营等方式开办旅游企业。支持将旅游项目涉及的道路、游客服务中心、停车场等配套设施，列入基础设施或公共事业和民生项目。同时支持通过开放式、透水构筑物、非透水构筑物等用海方式开发海洋旅游项目，支持环岛滨海旅游交通码头建设。经批准或通过招拍挂取得海域使用权的海上休闲旅游项目，可给予海域使用权人最高25年的海域使用权期限。这些在产权方面的激励措施对全岛生态旅游的投资引入和后续开发有望起到关键性的作用。

2. 闽台农业深化合作发展

深化闽台农业合作也是平潭综合实验区在产业发展方面的特色之一。2019年，《设立闽台农业融合发展产业园工作方案》提出探索海峡两岸农业融合发展新路的重要平台，努力把福建建成台胞台企登陆第一家园，推动种业、农机装备、农产品加工及兰科产业等农业发展。2021年，《加快推进闽台农业融合发展（农渔）产业园建设的十五条措施（试行）》，对台资农业企业给予了政策的倾斜和支持，比如在海域使用金专项补助上，对新入驻的台资农业生产经营主体，自工商注册登记之日起三年内，企业需用海项目的海域使用金地方分成部分，在省定基础上，实验区再按地方分成部分的50%予以专项补助。台资控股农业生产经营主体（含台资股份占比达50%）租用国有闲置土地发展种植业、养殖业的，按照实验区国有闲置土地农业行业出租租金价格减半收取。

3. 新兴经济产业发展

在海岛普遍关注的农业和旅游业之外，平潭岛基于自身两岸合作优势，进一步探索新兴产业的发展。2022年平潭综合实验区管委会发布《平潭综合实验区关于促进金融业加快发展的若干措施（试行）》，支持金融机构来岚展业、规范发展地方金融组织、发展直接融资、加快实验区跨境通道发展、鼓励金融创新等。此外，积极推动网红直播经济资源要素在实验区聚集，通过"直播+"旅游、电商等产业发展，打造"直播经济枢纽城市"，汇聚两岸人气，探索直播创新业态。美妆产业也是平潭岛重点发展的领域，2021年，《平潭综合实验区促进美妆产业发展的实施意见》明确了推动美妆产业与实验区物流贸易、总部经济、直播经济、跨境电商、特惠商品等业态协同发展的目标。规划发展"一核多中心"的美妆产业园区，"一核"即在台湾创业园内规划美妆产业集中办公区域，作为美妆产业的核心功能区，"多中心"即新兴产业园、对台中药材交易中心、台湾小镇、直播基地等区域，提升基础配套能力，打造"政府+孵化机构+美妆企业"园区发展模式，以多种业态的延伸和互动促进平潭新兴产业经济的发展。

12.4.4 平潭岛宜居生活经验

2020年，平潭综合实验区发布《平潭综合实验区建设国家城乡融合发展实验区的指导意见》，其已列入国家城乡融合发展实验区福建福州东部片区的实验范围。指导意见提出的目标是，到2022年，初步建立城乡融合发展的制度框架和政策体系，明显减少阻碍城乡要素流动的制度性障碍，逐步缩小城乡基本公共服务差距，农村人均可支配收入年均增长9%以上，城镇化率达到60%。到2025年，完善城乡融合发展体制机制，城乡生产生活要素互济畅流，城乡建设用地市场体系改革成型，农村产权保护交易制度基本建立，城乡发展差距和居民生活水平差距明显缩小，农民持续增收体制机制更加成熟，城镇化率达到65%以上，实验区向"一岛一城"的目标迈进。

其中关键的政策机制涉及户籍迁移限制的放开和落户农民依法自愿有偿转让退出农村权益制度，提出全方位放开落户限制，推进放开实验区内人口在城镇地区（不含原潭城镇）的户籍迁移限制。引导农户通过经营权流转、股份合作、土地托管等形式实现土地规模经营，打造一批规模适度经营、产业特色鲜明的土地流转集中片，同时推进农村宅基地所有权、资格权、使用权"三权分置"，加快推进符合条件的宅基地确权登记，探索农村存量宅基地自愿有偿退出机制。

12.5 岛屿保护与发展经验案例——苏州太湖生态岛

12.5.1 太湖生态岛概况

1. 金庭镇与西山岛概况

苏州市吴中区金庭镇地处太湖中心区域，距离苏州主城区约40千米，在吴中区东南端，辖西山岛及周围34个太湖小岛，总面积84.22千米^2，其中西山岛面积为80千米^2，西山主峰缥缈峰，是太湖七十二峰之首。金庭镇现设11个建制村、1个社区居委会，常住人口4.5万。拥有84.22千米^{2}的太湖风景名胜区、148千米^{2}的太湖水域和100多处历史文化古迹。

金庭镇先后获"国家风景名胜区""国家现代农业示范园区""国家森林公园""国家地质公园""全国环境优美乡镇""国家卫生镇""全国小城镇综合改革试点""江苏省历史文化名镇""江苏省文明乡镇""国家4A级景区"等称号。

2. 建设太湖生态岛

建设太湖生态岛是苏州践行"两山"理念的战略路径。2021年苏州制定了《苏州市太湖生态岛条例》，明确太湖生态岛的范围涉及金庭镇区域范围内的西山岛等27个太湖岛屿和水域，提出坚持生态优先、绿色发展、创新驱动、共治共享的原则，严守生态保护红线，严格实行生态空间管控，将太湖生态岛建设成为低碳、美丽、富裕、文明、和谐的生态示范岛。

据报道，2021年苏州市举行太湖生态岛建设推进大会，总投资达387亿元的

22个项目集中签约，涵盖绿色环保、绿色交通、绿色基建、绿色能源等领域，太湖生态岛建设进入实质性启动阶段，并且绿色金融授信太湖生态岛建设总计300亿元额度，以绿色金融为支撑全速推进项目落地。[22]可见，太湖生态岛建设已经加速启动，将以生态岛建设为核心点，全面带动太湖区域的绿色转型发展。

12.5.2 太湖生态岛生态保护经验

1. 山水林田湖系统整治

2021年的《苏州市太湖生态岛条例》全面制定了太湖生态岛的水环境、土壤、空气及生物多样性保护的方向。在水环境上，提出太湖生态岛内污水应当经处理达标后方可排放，全面提升污水收集、厂网运行、尾水处理能力，逐步达到太湖流域污水处理的领先水平。在土壤环境上，推进化肥农药减量增效，推广有机肥料和农作物病虫害绿色防控产品、技术，支持和推进水草、蓝藻、芦苇、农作物和林果废弃物等有机废弃物资源化利用。在空气治理上，太湖生态岛内推广使用新能源交通工具，推行绿色交通工具租赁服务，太湖生态岛内公共汽车全部采用新能源动力，鼓励岛内居民购买新能源汽车。在生物多样性上，防止外来物种入侵，保护珍稀野生动植物资源、地方特色种质资源、野生动物栖息地。在此基础上，开展森林、湿地、山体、宕口、风景名胜区、地质公园等受损生态系统及受损自然景观修复，实行以自然恢复为主、自然恢复与人工修复相结合的系统治理，统筹推进山水林田湖草一体化保护和修复。

2. 建设吴中区的生态涵养区

2021年，《吴中区"十四五"生态环境保护规划》将金庭界定为吴中区的生态涵养区，明确了涵养区生态保护优先的功能定位，提出要稳步推进环太湖湿地带建设，以及东山、金庭山地丘陵地区水土保持等工程项目。同时指出要全面落实《苏州市生态美丽河湖建设五年行动计划》（2020—2024年），加快编制实施吴中区生态美丽河湖建设实施方案，推进金庭及其他板块生态美丽河湖亮点。

与之相关，2022年吴中区公布了太湖生态岛的水环境综合整治计划，其中包括了水环境综合治理、水土流失防治等多个项目。比如，计划实施生态岛美丽河网建设（东片、南片）项目，计划实施南片、东片89条美丽河道建设，2022年开始实施南片夏家江、许巷江等20条美丽河道和东片大包围外专江、金村江等16条美丽河道建设，计划完成形象进度50%。[23]

12.5.3 太湖生态岛产业发展经验

1. 生态农文旅联动发展

金庭将岛屿产业发展常见的生态农业与旅游路径整合，通过生态产品价值实现的思路，进一步推进产业间的联动，促进绿水青山转化为金山银山。这一"生态农文旅"模式，实现了生态效应、社会效应和经济效应的统一。2020年，金庭镇的实践入选自然资源部生态产品价值实现典型案例（第二批），为"两山"理论提供了生动的实践。

根据金庭镇典型案例资料，"生态农文旅"模式主要是针对实现生态产业化经营和市场化价值实现。打造农业发展新模式，促进"特色农品变优质商品"。重点围绕洞庭山碧螺春、青种枇杷、水晶石榴等特色农产品，打造金庭镇特色"农品名片"，将传统历史文化内涵融入特色农产品的宣传销售中，增加产品附加值；通过"互联网+农产品"销售模式，拓展"特色农品变优质商品"的转化渠道。挖掘"农文旅"产业链，实现"农业劳动变体验活动"。挖掘明月湾、东村2个中国历史文化名村及堂里、植里等6个传统历史村落的文化底蕴，鼓励村民在传统村落中以自有宅基地和果园、茶园、鱼塘等生态载体发展特色民宿、家庭采摘园等，实现从传统餐饮住宿向农业文化体验活动拓展，形成"吃采看游住购"全产业链。提升生态文化内涵，助推"绿色平台变生态品牌"。

在实践效果方面，2019年全镇农产品销售收入达到4.85亿元，创历史新高，"太湖绿"大米及"西山青种"枇杷等已成为网红品牌，2019年全镇吸引旅游人数421.06万人次，农家乐、民宿营业收入达到2亿元，此前三年营业收入年平均增长35%，新增民宿104家，改造民宿103家，精品民宿增加至37家，直接带动了1600余人就业。同时也吸引了众多国内外知名的企业主体，共同推进金庭太湖生态岛的建设。

2. 大力推进循环经济和环保产业

2021年，吴中区发展和改革委员会发布了《吴中区"十四五"现代服务业发展规划》。这一规划提出，积极培育提供资源节约、废弃物管理、资源化利用等一体化服务的循环经济专业化服务机构，发展再制造专业技术服务，优化提升现有有机废弃物处理利用模式，实现有机废弃物的就地处理、就地利用，发展有机废弃物循环利用服务业。同时要加强环保产业支撑，培育壮大环保装备制造业，强化技术研发协同化创新发展，充分利用装备制造业基础，培育支持秸秆综合利用、污水处理等装备制造企业发展，推进先进适用的水污染、大气污染、土壤污染防治，固体废物处理处置，环境污染应急处理，环境监测等环保治理技术和装备产业化发展，优化环保装备产品结构，引导环保装备制造与互联网、服务业融合发展，鼓励建设一批环保装备龙头骨干企业，引导环保产业集聚发展。

12.5.4 太湖生态岛宜居生活经验

1. 高标杆培育特色田园乡村吴中样板

2021年，《吴中区住房和城乡建设事业"十四五"发展规划（2021—2025）》，提出环太湖沿线片区的东西山，积极探索传统村落与特色田园融合发展的道路，为金庭镇提出了高标准培育特色田园乡村吴中样板的目标。

金庭镇西山岛位于江南地区的核心区，在古代其经济相对发达，传统文化底蕴深厚，因此聚集了众多的明清古村落，这些古村落中不乏名门显贵。有些古村落及古建筑一直保存完好，有些经过了修缮，是金庭镇的地区特色之一。同时金庭镇大部分地区在当前处于乡村和乡镇，因此这就涉及传统古村落和田园特色如何融合的问题。

《吴中区住房和城乡建设事业"十四五"发展规划（2021—2025）》提出了未来实现特色田园乡村吴中样板的一些思路。比如，打造苏式水乡村庄特色，落实"适用、经济、绿色、美观"的新时期农房建设方针，以建立苏式水乡经典样板村庄为目标，尝试建筑风格的突破与创新。打造乡村休闲旅游产业集群，根据资源条件和区位优势，按照"一镇一业""一村一品"发展理念，依托田园资源，挖掘优势，完善基础设施配套，提升公共服务水平，做优产业项目布局。并且推进传统村落保护与活化，全面保护村落空间格局、街巷肌理、河道水系、建筑遗存和民风民俗等，持续改善生产生活条件。

2. 海绵村庄

《吴中区住房和城乡建设事业"十四五"发展规划（2021—2025）》提出的另一特色实践是对海绵村庄的探索。规划提出要着力推进太湖生态岛村庄生态环境改造提升，选取自然禀赋较丰富、村民配合度较高、开发程度较低的自然村落作为零碳村试点。尝试建立雨水收集系统，建设村内大型公共储水箱，收集屋顶上的雨水，并将其存储为非饮用水。进行道路改造，埋设排污管网，实行雨污分流，有条件的村落接入镇区市政管网，统一处理，其他村落建设生态污水处理池，将污水收集后进行净化处理，减少污水对水环境的影响。使用渗水率高的材料，部分有条件道路进行下垫面自然化改造，防止乡村地面硬质化。利用乡村地区自然湿地形成天然蓄水池，确保防汛期间蓄水缓汛，能够同时间疏解外河水位压力，确保汛期安全。

12.6 岛屿保护与发展经验案例——句容生态陈庄

12.6.1 江苏省特色田园乡村

2022年句容生态陈庄已经入选句容市地名文化遗产保护名录。根据名录的记载，陈庄位于茅山风景区管委会境内，具体地址在茅山九龙山脉深处，背靠丛山，面临李塔湖，是太湖流域上游重要水源涵养区，自然资源丰富，也是中国科学院地理科学与资源研究所的乡村转型试验基地，是以自然田园风光、生态氧吧、绿色农副产品、苗木种植为特色的休闲农业特色村。[24]陈庄于2018年被评为江苏省省级特色田园乡村。

12.6.2 陈庄生态保护经验

陈庄位于茅山九龙山脉深处，其原生态条件是极具优势的，并且依然保持着乡村自然生态环境的脉络和机理。

近年来陈庄在进一步保护生态环境并优化生态空间的过程中，始终坚持与自然和谐共生的理念。目前在空间布局上，形成了南部传统村落区、西部生态林地区、东部特色水田区和北部观光山区的布局。村庄生态环境整治后的陈庄功能定位更加清晰，生态特色更加彰显，大片的松林、竹林、榉树和千亩水面，使得这里空气清新，水质清冽，使陈庄成为远近闻名的生态氧吧。环境整治方面目前已完成望山慢巷规划项目、农村小规模供水项目、村庄整治、道路提升等15项建设任务。[25]

12.6.3　陈庄产业发展经验

1. 推行自然农法

陈庄目前广泛推行自然农法，以村庄青年骨干为代表，带动村庄学习自然农法技术，生产绿色有机农产品。与惯行农耕方法（以机械、化学为基础的石油农业）及有机农耕方法不同，自然农法强调在作物、畜禽等生长发育过程中杜绝使用任何化学肥料、农药等，而是遵循自然规律进行耕作和饲养，在不破坏自然环境的同时，最大限度地开发和活用当地的自然资源。一方面，利用提取的野生植物汁液与水不同比例混合，在植物生长发育不同阶段喷洒使用，达到驱虫、促进开花结果的作用；另一方面，培养获得的土著微生物可消解土壤中的污染物，达到土壤改良的目的，进而增强对自然灾害的防御能力，以一方水土，发展一方农业。自然农法以生物措施控制有害生物、改善生产环境，让地方内部资源充分发挥作用。[26]

调研发现，当地苗木种植等产业受市场负面影响较大，需要寻找创新的生态经济形式，进一步提高村庄的发展活力和村民的生活及收入水平。

2. 财政支持旅游产业发展

陈庄位于茅山风景区，因此旅游业也是当地的主要产业之一，其中财政资金支持的力度较大。公开资料显示，2017—2021年句容共计安排旅游发展专项资金1亿元，支持大力发展健康旅游产业、统筹推进"一山三湖"片区旅游发展战略，强化旅游宣传推介，全面提升句容旅游的知名度。句容市荣登2021年全国县域旅游综合实力百强县第19名，茅山镇入选第一批全国乡村旅游重点镇，陈庄村等入选第二批江苏省乡村旅游重点村，陈庄作为句容茅山的特色田园乡村，也得到了相应的支持。[27]

12.6.4　陈庄宜居生活经验

在乡村振兴背景下，陈庄的村庄综合环境得到了整治和提升。与自然农法的推广有相似之处，村庄环境也通过外部知识和技术的协助，实现了较大程度的提升。在社区花园设计理念的引导下，具有村庄特色的原有打谷场、花园、民宿、面包窑等都得到改造，基于景观设计的技术为这些村庄景象提供了新的表现形式。

比如，打谷场位于村庄中心，无顶部遮盖及任何设施，在稻谷成熟季节为全村共用的晒谷场，日常用于车辆停放、物品晾晒，最终进行了小型花园建造、休息座椅建造、户外灯具改造；再如，某民宿后院位于民宿西侧，场地周边种植两株银杏、一株枣树，中间是一间简易柴房，空心砖墙体，木梁青瓦，水泥地面，改造拆除柴房，新建一座面包窑，并配套小型庭院景观建造，并进行了残缺墙体的美化。[28] 这些乡村环境的改造和美化，并不是高成本的商业化运作，而是在必要的技术和设计支撑下，可以由村民自身参与完成的环境提升，为乡村环境综合整治和美丽乡村建设提供了又一思路。

本章参考文献

[1] 徐杰. 中国的岛屿 [M]. 长春：吉林出版集团有限责任公司，2012.

[2] 海岛中心 2017 年度科研成果之一——海岛生态指数及发展指数 [EB/OL]. http://www.ircmnr.com/art.do?id=859 [2018-03-13].

[3] 长海县情简介 [EB/OL]. https://www.dlch.gov.cn/details/index/tid/525902.html [2022-06-10].

[4] 长海县人民政府. 长海县国民经济和社会发展第十四个五年规划及二〇三五年远景目标纲要 [EB/OL]. https://www.dlch.gov.cn/details/index/tid/521581.html [2021-06-04].

[5] 大连市长海县关于园区产业规划 [EB/OL]. https://www.dl.gov.cn/art/2021/4/6/art_3870_548821.html [2021-04-06].

[6] 长海县坚持生态优先，加强生态保护，推动绿色发展 [EB/OL]. https://www.dl.gov.cn/art/2021/10/11/art_2568_1927037.html [2021-10-11].

[7] 曹威威，孙才志，杨璇业，等. 基于能值生态足迹的长山群岛人地关系分析 [J]. 生态学报，2020，40（1）：89-99.

[8] 长海县坚持生态优先，加强生态保护，推动绿色发展 [EB/OL]. https://www.dl.gov.cn/art/2021/10/11/art_2568_1927037.html [2021-10-11].

[9] 长海县多措并举推进海域规范化管理 [EB/OL]. https://www.dl.gov.cn/art/2022/1/17/art_2568_1998522.html [2022-01-17].

[10] 刘伟. 我国旅游型海岛联合开发布局模式探讨——以辽宁长山群岛为例 [J]. 中国人口·资源与环境，2011，21（S2）：242-245.

[11] 我市印发《大连长山群岛旅游度假区总体规划 2020—2035 年（修订版）》[EB/OL]. https://pc.dl.gov.cn/art/2020/8/17/art_1692_450178.html [2020-08-17].

[12] "五一"假期 我县旅游市场持续升温 接待游客近 2.8 万人次 实现旅游综合收入 3316 万元 [EB/OL]. https://www.dlch.gov.cn/portal/details/index/tid/521213.html [2021-05-07].

[13] 温州市洞头区国民经济和社会发展第十四个五年规划和二〇三五年远景目标纲要 [EB/OL]. http://www.dongtou.gov.cn/art/2021/7/1/art_1229545304_59045536.html [202107-01].

第十二章　生态岛屿联盟建设基础——岛屿概况与案例

[14] 袁静, 叶帆, 仓飞, 等. 温州洞头岛岸线利用现状及其适宜性评价 [J]. 浙江国土资源, 2021, (S1): 6-12.

[15] 温州市洞头区人民政府办公室关于印发《温州市洞头诸湾美丽海湾建设方案》的通知 [EB/OL].http://www.dongtou.gov.cn/art/2022/1/25/art_1229691270_1996985.html[2022-01-25].

[16] 浙江洞头蓝色海湾整治：深耕生态发展 书写"绿色答卷"[EB/OL]. https://m.chinanews.com/wap/detail/chs/zw/4703410hapaffedf.shtml[2021-07-13].

[17] 洞头成功发放全市首笔民宿收益权动产抵押贷款 [EB/OL]. https://www.163.com/dy/article/GAPRNG440514WELC.html[2021-05-24].

[18] 温州市人民政府. 温州市洞头区旅游业发展"十四五"规划 [EB/OL]. http://www.dongtou.gov.cn/art/2022/1/6/art_1229691270_1996710.html [2022-01-06].

[19] 洞头与温医大附二院签订"山海"提升工程合作协议补齐海岛医院短板 [EB/OL].http://news.66wz.com/system/2021/06/18/105376240.shtml[2021-06-18].

[20] 洞头鹿西岛海水淡化工程投用：每天可淡化海水 500 吨 [EB/OL]. http://news.66wz.com/system/2021/03/25/105355743.shtml[2021-03-25].

[21] 平潭着力打造"三个岛"做好全域旅游大文章 [N]. 中国旅游报, 2021-12-02, 第 5 版.

[22] 太湖生态岛建设推进大会召开, 总投资 387 亿元项目赋能发展 [EB/OL]. http://fg.suzhou.gov.cn/szfgw/xxdt/202112/a5baa9ed4c4c473e9a044206cd284a2d.shtml[2021-09-29].

[23] 太湖生态岛水环境整治有序推进 [EB/OL]. http://www.szwz.gov.cn//szwz/c108683/202203/563dadf8fa9e400086570903137c2fe1.shtml[2022-03-31].

[24] 关于公布句容市地名文化遗产保护名录的通知 [EB/OL]. http://www.jurong.gov.cn/jrmzj/bmwjs/202207/d34ae3afd3b44337a494da628c7e7430.shtml[2022-07-07].

[25] 句容陈庄: 青山绿水间 追逐振兴梦 [EB/OL]. http://wm.jschina.com.cn/wmwyw/202006/t20200608_6678739.shtml[2020-06-08].

[26] 耿佩, 陈雯, 杨槿, 等. 乡村生态创新技术地方植入的障碍与路径——以陈庄自然农法技术为例 [J]. 资源科学, 2020, 4 (7): 1298-1310.

[27] 句容财政: "四举措"全力打造旅游文化产业发展升级版 [EB/OL]. http://www.jurong.gov.cn/jurong/bmdt/202201/5d637b2127b84a368f7fe9a259dceeba.shtml[2022-01-25].

[28] 小村子里的小花园: 句容陈庄乡村景观营造实录 [EB/OL]. https://arch.seu.edu.cn/2018/1023/c9118a243647/pagem.html[2018-10-03].

第十三章

生态岛屿联盟建设的阶段性实践

张维阳[1,2]，刘珺琳[1,2]，唐可欣[1,2]
（1. 崇明生态研究院；2. 华东师范大学城市与区域科学学院）

崇明生态岛屿联盟建设项目组于2021—2022年按照计划完成了包括温州洞头岛、大连长海县、苏州太湖生态岛、句容生态陈庄、海南岛的实地调研工作，分别邀约以上岛屿加入生态岛屿联盟，并挂设崇明生态研究院科研实践基地牌匾。此外，生态岛屿联盟秉承以崇明为中心、科技先行的建设思路，建立了近年来崇明生态研究院各团队在全国岛屿的科研实践台账。

13.1 温州洞头岛调研

2021年4月16日至4月17日，崇明生态研究院生态文明高端智库主任孙斌栋教授团队一行四人来到温州洞头区进行生态岛建设调研，温州市洞头区区委书记林霞与副区长叶锦丽同行。团队先后考察了红树林公园建设、网红打卡点的打造、石头房保护与开发、民俗风情文化、精品民宿项目、游艇产业发展、沙滩经济发展、生态整治与保护、文旅融合发展等情况。经过调研，深入了解到洞头在旅游开发、渔耕平衡和海洋污染生态补偿、海洋自然生态景观营造、基层治理优化等方面的先进做法，对崇明生态文明建设起到良好的借鉴作用。

洞头位于浙江温州，由103个岛屿组成，因此有着"百岛县"的美称。洞头凭借优越的自然和人文资源，秉持"绿水青山就是金山银山"的生态理念，对岛屿进行生态建设，为全国其他类似岛屿提供了先进的、可参考的经验。首先，在旅游开发理念上，洞头对保留景观原有风貌的意识较强，如可追溯到20世纪的花岗村，其在2003年就被当地政府定位为渔家古村落，加之村民的保护，使原生态的村落建筑得到了完整的保存。同时，洞头邀请了专业的设计师来设计旅游项目，在不破坏原貌的前提下，打造出高品质的精品民宿（如 Ban House）、引人入胜的村落园林景观及琳琅满目的休闲娱乐设施，在洞头景观保持自己风貌特色的同时，还兼具旅游地的商业竞争力，吸引更多的游客来此游玩。在渔耕平衡发展和海洋污染生态补偿方面，基于洞头陆地可用发展空间不足的实际条件限制，提出用海洋耕地置换陆地土地，通过海上养殖的方式提供居民生活需要的高蛋白，建立了透水构筑物来满足渔耕平衡发展的需求。同时，借鉴"谁污染谁治理"的原则，提出海洋污染也应建立类似概念，找准海洋污染源，从而建立良性的治理机制。在新的海洋自然生态景观营造上，遵循国家"南红北柳"的湿地修复方案，处在南北过渡的洞头兼具两个物种的生长条件，因此积极同时引种南方红树林和北方柽柳。在基层治理方面，通过村与村之间的良性竞争，调动村委开展工作的积极性，建立了健全的基层治理体系。

经过调研与座谈讨论发现，洞头从传统海岛经济走到了如今的"美丽经济"，其主要优势是善于整合其资源优势，在保护好原有农村风貌的前提下，发挥其商业价值。

13.2　大连长海县调研

2021年10月28日至10月30日，崇明生态研究院生态文明高端智库主任孙斌栋教授一行三人来到大连长海县，与辽宁省民政厅胡耀辉处长、大连长海县刘宝庆县长一同对长海县生态岛屿的建设情况进行调研，并针对岛屿的发展进行了交流与讨论。智库成员通过对大长山岛镇、獐子岛镇、堤坝整治现场及海洋牧场等的考察调研，学习了统筹生态保护和产业发展的较好做法，为崇明世界级生态岛建设获取了有益启示。此外，此次调研在崇明生态岛屿联盟建设上获得显著成效——大连长海县同意加入崇明生态岛屿联盟，双方共同约定在疫情好转之时进行崇明生态研究院科研基地的挂牌。

长海县不仅是我国东北边境地区唯一的海岛县，也是我国唯一的海岛边境县，由大长山岛、小长山岛、广鹿岛、獐子岛、海洋岛等5个镇组成。长海县地理条件优越，渔业资源丰富，主导产业主要有海水养殖业、海洋捕捞业、水产品加工业和海岛旅游业。此外，长海县是我国的现代海洋牧场先导区和国际知名的旅游休闲度假区，在发展区域经济的同时，秉持生态优先、文化引领、海洋振兴、旅游提升的四大发展战略。近年来，长海县不断完善岛上的基础设施建设，通过建码头、建跨海大桥等行动为其旅游业的发展提供良好条件。

13.3 苏州太湖生态岛、句容生态陈庄调研

2022 年 7 月 30 日至 8 月 1 日，崇明生态研究院生态文明高端智库主任孙斌栋教授团队一行七人先后对苏州市金庭镇的太湖生态岛、镇江句容陈庄的生态村庄进行了调研考察。在座谈会上崇明生态研究院团队与金庭镇政府、中国科学院南京地理与湖泊研究所陈雯教授团队就如何更好地进行生态建设及如何将"绿水青山"转换成"金山银山"进行了交流讨论。除此之外，华东师范大学崇明生态研究院科研基地在太湖生态岛和陈庄生态村进行了挂牌。

太湖生态岛位于苏州市的西南端，其建设范围涵盖了金庭镇的 27 个岛屿与水域，一直秉持着生态发展、绿色发展的宗旨，始终致力于建设兼具美丽环境和美丽经济的生态示范岛。太湖生态岛以"三生"协调发展为目标，并在生态、生产、生活三个方面做出了不同的努力。首先，对山水林田湖系统进行整治，同时对于生态涵养区的生态保护工作进行优先级处理，使生态保护工作维持在高水平。其次，基于"农文旅"融合发展，一方面促进生态产品价值实现，使之入选了自然资源部第二批生态产品价值实现典型案例；另一方面积极融入环太湖生态文旅产业带，譬如越来越多的民宿在岛上建设起来，为生态岛的发展源源不断地注入新生力量。最后，在生活方面，坚持以生态富民，通过生态建设为居民打造出高品质的生活环境，譬如将以明月湾、张家湾等具有代表性的古村落与生态岛建设相结合，建造出独特的环境风貌，设计引人入胜的景观卖点，居民对闲置土地进行盘活与改造，推动当地民宿、农家乐等乡村产业的发展，使得将江南文化彰显出来的同时，居民也可以收获极大的幸福感。

陈庄生态村位于句容市茅山九龙山的深处，被评为了江苏省特色田园乡村。依山傍水的陈庄，其生态功能十分重要却又敏感，因此在打造休闲农业特色村时，需要兼顾其经济效应与生态环境保护。与太湖生态岛类似，陈庄生态村以

"三生"协调为目标,在生态、生产、生活三方面展开了不同的努力实践。在生态方面,通过建设绿色基础设施体系、引入污水处理系统、进行栖息地改造等多手段、多层次的治理,对生态村的环境进行了综合整治与优化;在生产方面,对村民进行培训,教授给村民无须施用任何化肥或者农药的自然农法,使他们以自然农法为基础,进而发展形成生态农业的产业链,在保护生态的前提下促进当地的产业发展;在生活方面,除了为村民们提供省时省力的基础生产设施以外,灌输给村民以主人翁意识,传授村民以先进的理念,使村子中的家家户户能够拥有自给自足的能力,进一步改善村民的生活环境与提高村民的物质生活水平。打造乡村生态、生产和生活协调发展的陈庄案例,践行了绿水青山就是金山银山的发展理念,同样为崇明生态岛的建设提供了宝贵的建设经验。

13.4　海南岛调研

2022年8月5日至8月8日,崇明生态研究院生态文明高端智库主任孙斌栋教授一行三人来到海口市,就国家生态文明试验区(海南)的建设经验同海南师范大学地理与环境科学学院程叶青副院长和张金萍副教授进行了深入交流。同时,华东师范大学崇明生态研究院科研基地在海南师范大学地理与环境科学学院挂牌。

海南岛地处南海西北部,是我国最大的热带雨林保存地,素有天然"物种基因库"和"自然博物馆"的美誉。作为我国的第二大岛屿,海南岛及其周围海域蕴藏着渔业、矿产等自然资源。近年来,海南坚持"生态立省"的原则,以保护生态环境为根本,贯彻对热带雨林的生态保护工程,推行绿色低碳生产生活模式,探索并实现了环境保护和经济发展的"双赢"道路。2018年4月,习近平总书记在视察海南时指出,"青山绿水、碧海蓝天是海南最强的优势和最大的本钱"[1];对于总书记的殷切期望,海南岛在生态、生产和生活方面都做出了努力。在生态方面,对滩涂进行清理,对树林进行补种,对开发过度的湿地进行修复,将垃圾场改建成为生态公园,建立健全海陆统筹的生态保护与修复系统,并建立防污染的联动机制以保障空气质量等多种整治行动并行,不仅为海南打造出了"高颜值"的生态环境,也为全国生态文明建设提供了重要经验。在生产方面,着力发展旅游业,适当加深对外的交流合作,提高海南旅游发展的国际化水平,在保证规模、质量、管理和服务水平的基础上,将海南的传统文化作为宣传亮点，通过文旅融合的方式吸引更多的国内外游客来游玩；同时，发挥海南的区位优势及资源优势，在滨海地区发展海洋旅游、在热带雨林发展生态旅游，在农村地区发展特色乡村旅游等。在生活方面，海南将保护生态环境作为其长期的政治任务，为了改善居民的生活环境，始终坚持遵循绿色的生产生活方式，切实增进人民的幸福感、安全感与获得感。

13.5　平潭岛调研

2022年10月13日至14日，崇明生态研究院生态文明高端智库主任孙斌栋教授团队一行两人前往福建省平潭综合实验区考察调研。其间，智库团队参观了自然资源部海岛研究中心海岛科普馆，并同海岛研究中心张海峰主任、姜德刚处长、张琳婷女士等进行了座谈，深入交流了平潭岛生态发展经验、海岛的战略价值、中国与太平洋岛国海洋合作、海岛发展指数构建等内容，为建立生态岛屿联盟提供重要经验。随后，智库团队先后对猴研岛、将军山、北港村、长江澳风车田、石牌洋等地进行了实地调研。

平潭岛，别名海坛岛，位于福建省东部。它不仅是中国第五大岛屿，还是大陆距离台湾最近的地点（仅有68海里）。近年来，平潭岛坚持"一岛两窗三区"的战略定位，依托丰富的生物、矿产、能源等自然资源，大力建设国际旅游岛。目前，平潭岛已打造"坛南湾""石头厝""石牌洋""风车田""蓝眼泪"等诸多著名旅游景点。平潭岛充分发挥其区位优势，设计了海峡旅游廊道，在旅游、渔业、经济等方面与台湾均有合作交流，是海峡两岸重要的合作窗口和推动海峡西岸经济区建设的重要门户。同时，平潭岛也积极地向全球其他国家展示中国岛屿的建设成效。通过举办中国－小岛屿国家海洋部长圆桌会议、平潭国际海岛论坛、"海洋杯"中国·平潭国际自行车公开赛等，与太平洋诸多岛国建立了密切合作。在生态建设方面，平潭坚持"生态保护""绿色发展"，培育特色优势产业（如旅游商贸、海水养殖、远洋捕捞），传承藤牌操、闽剧等非遗文化，因地制宜，向"新兴产业区、高端服务区、宜居生活区"的"三区"战略定位迈进。

平潭岛的发展经验为崇明世界级生态岛建设提供了重要借鉴。在生产空间方面，需要立足海岛基本情况与区位优势，充分发挥海岛自然基底和生态价值，通过旅游业将"绿水青山"转化为"金山银山"。在生活空间方面，保障人民群众赖以生活的自然环境，完善地方基础设施。在生态空间方面，需要充分认识到生态环境是岛屿绿色发展的根基，保障岛屿和海洋生物多样性。

本章参考文献

[1] 求是杂志社，海南省委宣传部联合调研组. 精心呵护青山绿水，碧海蓝天这个最大本钱[J]. 求是，2020（4）：43-51.

第十四章

崇明世界级生态岛建设经验贡献[①]

刘珺琳[1,2]，张维阳[1,2]，钱雨昕[1,2]

（1. 崇明生态研究院；2. 华东师范大学城市与区域科学学院）

    作为生态岛屿联盟的发起单位，崇明世界级生态岛经过近20年的建设，在生态环境保护、产业融合发展、绿色农业发展、高端绿色制造、生态农村建设、可持续交通、多旅融合发展、智慧城市管理、互联网赋能发展、城乡协调发展等方面形成了十大发展模式和40个发展经验（图14-1）。

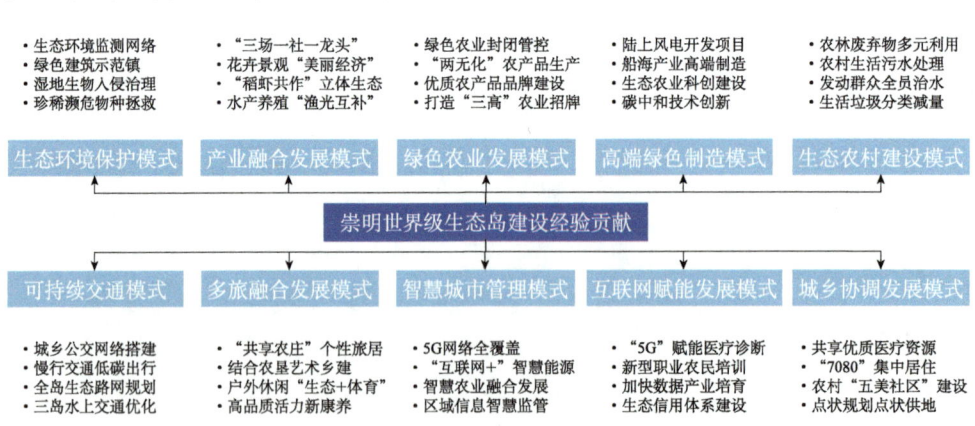

生态环境保护模式	产业融合发展模式	绿色农业发展模式	高端绿色制造模式	生态农村建设模式
·生态环境监测网络 ·绿色建筑示范镇 ·湿地生物入侵治理 ·珍稀濒危物种拯救	·"三场一社一龙头" ·花卉景观"美丽经济" ·"稻虾共作"立体生态 ·水产养殖"渔光互补"	·绿色农业封闭管控 ·"两无化"农产品生产 ·优质农产品牌建设 ·打造"三高"农业招牌	·陆上风电开发项目 ·船海产业高端制造 ·生态农业科创建设 ·碳中和技术创新	·农林废弃物多元利用 ·农村生活污水处理 ·发动群众全员治水 ·生活垃圾分类减量

可持续交通模式	多旅融合发展模式	智慧城市管理模式	互联网赋能发展模式	城乡协调发展模式
·城乡公交网络搭建 ·慢行交通低碳出行 ·全岛生态路网规划 ·三岛水上交通优化	·"共享农庄"个性旅居 ·结合农趣艺术乡建 ·户外休闲"生态+体育" ·高品质活力新康养	·5G网络全覆盖 ·"互联网+"智慧能源 ·智慧农业融合发展 ·区域信息智慧监管	·"5G"赋能医疗诊断 ·新型职业农民培训 ·加快数据产业培育 ·生态信用体系建设	·共享优质医疗资源 ·"7080"集中居住 ·农村"五美社区"建设 ·点状规划点状供地

图14-1 崇明世界级生态岛建设经验贡献

[①] 本章内容根据崇明政府工作报告、规划文本、新闻报道、统计年鉴等相关内容整理而成。

第十四章 崇明世界级生态岛建设经验贡献

14.1 生态环境保护模式

在生态环境方面,崇明积极实施"生态+"发展战略,全方位落实生态保护要求。崇明通过湿地保护、生态环境监测网络的综合应用,以及互花米草治理与鸟类栖息地优化生态工程、珍稀濒危物种拯救项目等[1]进行西滩和东滩湿地生态保育、修复与开发,并通过绿色建筑示范镇探索建筑节能的新途径。

14.1.1 生态环境监测网络

为达到生态保育目的,崇明通过生态环境监测网络,实现滩水林田湖实时精准管控[2]。生态环境监测网络是由上海市环境保护局(现上海市生态环境局)牵头协同各委办局建设的保障崇明生态岛建设最重要的基础设施之一。经过多年的建设和完善,应用新一代信息技术,其监测涵盖水文、气候、土壤、生物等全要素。目前,崇明已初步建成支撑全岛生态建设的监测体系,借助技术手段维护崇明绿色生态底色,助力发展。

14.1.2 绿色建筑示范镇

在节能方面,崇明集成建筑节能、资源循环、智能化调控关键技术,形成陈家镇生态办公示范楼工程建设的生态示范经验及节能技术体系[3]。通过太阳能光伏发电并网系统和水平轴风力发电并网系统、新型保温材料和遮阳系统,加强对既有建筑的绿色节能改造,使得综合节能率和资源循环利用率均达到60%以上。此示范工程有效推动了对于太阳能光热、光电等新能源的综合利用,大力发展建材型光伏技术在城镇建筑中的一体化应用[4]。目前,陈家镇生态办公示范楼工程实施地源热泵空调系统等生态技术项目共10项。

14.1.3 湿地生物入侵治理

针对互花米草侵占本地物种生存领地间接导致珍稀水鸟失去补给站的问题,崇明开展湿地生物入侵治理工程,主要涉及三项任务:一是互花米草的生态治理,二是鸟类栖息地的优化,三是土著植物种群的恢复。工程于2013年12月正式开工，投资总额达 13.6 亿元，工程总面积 24.19 千米^2。目前，优化生态工程取得良好成效，整个保护区内，生态系统质量得到了明显改善，鸟类栖息地得到了较好恢复，鸟类种类和种群数量显著增加。2017 年 11 月，崇明东滩互花米草生态治理工程的相关成果，作为全球生物入侵防控的国家级行动方案核心成果之一，在第三届国际入侵生物学大会主展区进行重点推介。

14.1.4 珍稀濒危物种拯救

崇明通过不断加强外来物种管控，依法进行猎捕，优化生物栖息环境，致力于湿地生态秩序恢复，并重点推动珍稀濒危物种拯救工作。尤其是，2016 年以来崇明全域被划为禁猎区，群众的生态环境保护和濒危物种保护意识不断提升。目前，崇明特有的螃蜞、跳跳鱼、中华绒螯蟹等水生动物重新回归，扬子鳄栖息地不断发展，珍稀濒危物种拯救取得显著成效。

14.2　产业融合发展模式

通过农业与第二、第三产业之间融合渗透、交叉重组等方式，崇明形成农业新产业新业态新模式[5]。通过整合农业、旅游、生态等资源优势，采取"田宅路统筹、农林水联动、区域化推进"的思路，打造"都市休闲精品游"等农旅结合模式。

14.2.1　"三场一社一龙头"

"三场"指家庭农场、博士农场、开心农场，"一社"指农民专业合作社，"一龙头"指农业龙头企业。"三场一社一龙头"模式，使家庭、农民合作社和农业企业等多元主体共同参与农业经营，并借力农业专家等技术优势和农业旅游等外生动力，促进农业转型升级和产业融合发展。截止到 2020 年，崇明全区共认定家庭农场 480 家，博士农场 20 家，国家级农民专业合作社示范社 32 家、市级农业产业化龙头企业 5 家[6]。

14.2.2　花卉景观"美丽经济"

通过放大花博溢出效应，崇明打造花卉研发、生产和销售全产业链，并以此推动生态旅游、文化创意、体育休闲等生态产业蓬勃发展。2021年5月至7月，第十届中国花博会"花开"崇明，成为又一个向外界展示崇明生态建设成就的窗口。此外，崇明积极引进中荷现代花卉中心、智慧生态花卉园、国际菊花生态园项目，推进国际花卉交易中心建设。截至2020年底，全区商品花卉总种植面积2.8万亩，花卉总产量达3245.29万枝（盆），年销售额突破亿元。

14.2.3　"稻虾共作"立体生态

"稻虾共作"指将普通稻田单一的种植提升为立体生态的种养结合，在水稻种植期间养殖克氏原螯虾（俗称小龙虾），小龙虾与水稻在稻田中同生共长[7]。依托丰富的自然资源，崇明以"以虾促稻、提质增效、质量安全、生态环保"为理念，打造了具有海岛特色的"虾稻米"或"稻田虾"。种植优质、抗倒性较好的水稻品种，使得水稻田成为一个适合小龙虾栖息、没有污染的生态环境，保证小龙虾的存活率和品质。

14.2.4　水产养殖"渔光互补"

"渔光互补"指在原有土地资源保留渔产属性的基础上，增加光伏发电的功能。该物理、生态的立体净化模式，能对池塘尾水进行高效净化处理，提升鱼塘的水质，鱼类存活率更高；同时，光伏板下方水域可投放鱼苗、虾苗。"上可发电，下可养鱼"的模式，不仅能为鱼塘遮阳，抑制藻类繁殖，为鱼类提供更好的生长环境；还能"一地两用"，节约了土地资源，充分利用水产养殖的空间，提高水产养殖的综合利用率。截至2021年底，包括风电、光伏发电等形式，崇明可再生能源装机量已达到56.4千瓦，发电量占崇明全社会售电量比例超30%。

14.3　绿色农业发展模式

崇明是上海最大的农村地区，拥有全市1/4的林地、1/3的基本农田，具有全市最多的农村和农业人口，也是上海重要的"菜篮子""米袋子"。2017 年，崇明入选首批全国农业绿色发展先行区，以"两无化"为特色，围绕农业"高科技、高品质、高附加值"的发展目标，致力打造绿色农业发展的崇明模式。

14.3.1 绿色农业封闭管控

从种植、销售、配送、收货，崇明规划实施农业全程绿色监管。2018 年起，崇明启动绿色农资封闭式管控工作，管控体系包括政策保障、品种推荐、门店供应等环节。明确农药使用标准，对特定的绿色农药制定推荐目录并对部分绿色农药实施限额免费供应的补贴政策，不断引导农户合理、科学用药，实现源头管控；建立农药供应网络，形成由 1 个总仓和 16 个门店组成的绿色农药供应网络，实现绿色农资"销配收"一体化运营；灵活运用管理平台系统，建立起对绿色农资的"1+16"封闭式管控，配合对产品进行智慧检测、生产信息追溯和后续的网格化监管等措施，实现产前、产中、产后全程监管。截至 2020 年，崇明绿色食品认证率达到 90%。

14.3.2 "两无化"农产品生产

"两无化"指的是"无化肥、无化学农药"[8]。崇明推动绿色投入品管控，制定并落实高于国家标准的绿色农药目录，投建统一标准的绿色农业投入品门店，依托智慧管控平台加强流向追溯，进一步推广"两无化"生产种植。近年来，崇明农业新业态不断涌现，涌现出一批以"两无化"大米等为代表的特色农产品。2018 年，崇明首次试种"两无化"水稻，进而推出的"两无化"大米深受市民青睐。2021 年，"两无化"水稻生产已从 1 万亩提升至 3 万亩，"两无化"蔬菜从 1000 亩次提升到 5000 亩次[8, 9]。

14.3.3 优质农产品品牌建设

崇明致力于打造以"崇明"为地域标识的绿色农产品区域联盟和区域公共品牌[8]，由此将崇明的生态优势有效转化为发展优势。崇明着力拓展线上线下品牌销售渠道，对接叮咚、盒马鲜生等新零售企业，不断延伸产业发展链条，提升崇明农产品影响力和美誉度；通过与百联集团等头部商贸企业战略合作，以新业态、新技术、新产业加快推进崇明绿色农产品全面进入上海市场，满足上海市民对优质农产品消费升级的需求。目前，崇明不仅拥有多个具有地理标志的产品或商标，还有6个"崇明优品"的特色品牌，崇明大米、崇明金沙橘等涵盖其中。

14.3.4 打造"三高"农业招牌

崇明将高品质、高附加值和高安全性这三个特质作为优质产品的目标，将现代和传统种植方式相结合，通过绿肥和有机肥替代化肥，通过防虫板、太阳能杀虫灯等物理防治措施替代化学农药；并利用无人值守果园机器人、用于测绘和飞防植保类作业的无人机、农场数据显示大屏、水肥一体化灌溉设施、气象站、摄像头、感应器等数十种高科技设备，助力农业生产效率的持续性提高。

14.4 高端绿色制造模式

高端绿色制造模式即为推广智能化生产线和绿色制造技术，综合考虑环境影响和资源效益的制造模式。崇明围绕"中国制造2025"战略，依托长兴海洋科技港，引导船海产业的高端化发展与转型，大力推进生产的智能化与造船技术的绿色化进步，降低污染排放[2]；同时发展海陆风电项目，树立全市最高的绿色发展门槛，优化产业准入负面清单，发展符合生态环保要求的服务业，打造绿色经济的示范区域；通过农业科创赋能，推动崇明都市现代绿色农业高质量发展；探索可再生能源发展路径，打造具有世界影响力的碳中和示范区。

14.4.1 陆上风电开发项目

结合候鸟保护要求，崇明在低风速区域发展陆上风电，优化陆上风电设施布局，稳步推进陆上风电开发和海上风电项目。通过开展横沙"风电田"示范，推广屋顶分布式光伏项目，探索风光储一体、农光互补、智能微网和能源互联网等不同类别的集成示范[2]。通过技术、模式和体制机制创新，提高全区电网可靠性和对新能源的消纳能力，打造新能源综合示范基地。

14.4.2 船海产业高端制造

崇明以长兴产业园区为主体，打造海洋装备产业高端制造业集聚地，不断引导船海产业从制造向智造转型。近年来，区位优越的长兴岛，成为崇明"向海拓展"的重要抓手，岛上集聚了不少"航母"级企业，包括江南造船、沪东中华、振华重工、中远海运等著名龙头企业。截至2021年，长兴产业园区共有50多个项目在紧锣密鼓地推进，长兴主导的海洋装备产业产值占据崇明全区工业总产值七成以上，成为崇明世界级生态岛建设重要的产业空间和经济支撑。

14.4.3 生态农业科创建设

通过农业科创赋能，崇明推动都市现代绿色农业高质量发展。作为上海农业科技创新发展的主力军，崇明通过加强产学研用合作、人才智力资源吸引、重大农业科技创新任务承接，不断提高农业科技含量，为上海农业科技发展构筑新支点。近年来，崇明主动对接国内外高层次科创机构，先后成立了崇明生态农业科创中心理事会等农业科创平台，落地实施联合国粮食及农业组织（Food and Agriculture Organization of the United Nations，FAO）"两无化"水稻技术合作项目，开发应用"崇明农业智慧大脑"，大力引进中荷现代农业创新园等一批重大高科技项目。2021年7月，崇明区被列为全国农业科技现代化先行县共建单位。

14.4.4 碳中和技术创新

探索可再生能源发展新路径，崇明鼓励开展碳中和科学研究和绿色科技成果示范推广。崇明配合上海市科学技术委员会搭建低碳环保科技创新和产业研发平台，开展"科技创新行动计划"支撑碳达峰碳中和专项申报工作。鼓励和培育科技企业围绕碳捕集、利用与封存（CCUS）技术、新型能源技术、工业/产业低碳/零碳技术，开展关键材料、仪器设备、核心工艺、工业控制装置等技术研发与应用。2022年6月15日，上海市科学技术委员会与崇明区政府战略合作框架协议签约仪式暨"上海碳中和技术创新联盟""上海长兴碳中和创新产业园"启动仪式举行。

14.5　生态农村建设模式

以农村生活污水处理、发动群众全员治水、垃圾回收智能管理、农林废弃物多元利用等举措为抓手，崇明抓好美丽家园、绿色田园、幸福乐园"三园工程"的谋划推进，改善农村人居环境，打造生态农村。作为上海最大的农村地区，当前，崇明全力以赴，推动崇明生态文明建设和环境保护工作取得新成效。崇明多项措施并举，减少农村面源污染、改善农村人居环境、提升生态环境质量，推动"美丽乡村"建设，打通了"绿水青山"到"金山银山"的转化通道，打造出一大批宜居宜业宜游的特色乡村。

14.5.1　农林废弃物多元利用

聚焦水稻秸秆、多汁蔬菜、瓜菜藤蔓、林地枝条、畜禽粪便五类农林废弃物，崇明根据其现实情况成功摸索出具有自身特色的多元化利用方式，即将农林废弃物以燃料、饲料、肥料等多种手段处理，以达到资源利用全覆盖的效果。与此同时，崇明将农林废弃物的综合利用体系进一步完善，不仅建立了数个资源化利用的处理站点，还将智能化的堆肥技术用到周边的农业生产中。迄今，崇明全区已经拥有数家有关农林废弃物综合利用建设的示范点。

14.5.2　农村生活污水处理

在农村环境整治方面，崇明坚持农村生活污水处理。通过引进农村生活污水处理管护机制、污水处理设施、综合信息化体系、高铁污水处理技术，崇明使农村生活污水就地处理、达标排放。全面推进农村生活污水治理，农村生活污水做到100%全处理、全覆盖[2]。2019年底，崇明便为19.2万户农户及4.2万户类农户解决了生活污水处理的问题，打造出的污水处理设施使得出水水质在提高至一级B的基础上，部分达到一级A的标准。2020年起，通过近一年的试点论证，崇明探索出了压力管收集净化槽尾水、末端强化处理的治理新思路，达到提升出水水质、降低改造成本的双重目标。

14.5.3 发动群众全员治水

崇明发动群众深度参与河道治理，吸纳民间智慧形成符合农村实际的河道疏浚工作方法。群众全员治水包括"村民自治""生态检察官""河道警长制"等一系列举措，崇明率先派驻"生态检察官"进河长办，以刑事、公益诉讼案件办理为主线，"捕、诉、民、防"一体化办案，及时发布检察建议；率先探索建立了"河道警长制"，建立五级"河道警长"体系。在制度上探索建立"河道警长制"，成立"环境资源审判庭"。

14.5.4 生活垃圾分类减量

通过实施"定时定点"和"撤桶计划"的政策，同时利用智慧环卫管理平台，对垃圾分类进行合理的动态智能管理，强调生活生产垃圾和农业废弃物的再利用。截至 2019 年，崇明垃圾分类实现了全覆盖，垃圾回收问题得到良好的解决，在为崇明的生态岛建设减轻负担的同时，也为整个上海甚至全国的垃圾分类问题作了表率。

14.6 可持续交通模式

崇明大力实施绿色出行战略，优先发展公共交通、积极倡导慢行交通、大力发展智能交通，进一步加强新能源和清洁能源车辆、船舶的推广应用；结合交通枢纽合力布设 P+R 停车换乘设施、优化公共自行车和电动汽车分时租赁网点布局、优化岛上水上交通格局，加快形成与全岛生态空间相协调、与土地承载能力和环境容量相适应的生态型交通体系。

14.6.1 城乡公交网络搭建

结合"15 分钟生活圈"建设，崇明搭建城乡一体化公交网络，不断提高绿色出行比重。崇明以发展公共交通为优先选项，建设连接重点城镇的中运量公交系统，依托市、区级交通枢纽，调整优化区内公交线网[2]。截至 2020 年，崇明区域内、跨区（市通郊）运营公交车全部更新为新能源汽车。

14.6.2　慢行交通低碳出行

通过不同功能的自行车通道、步行道路网络、电动汽车，崇明打造"慢行交通""低碳出行"。推行多元化公共自行车租赁服务[9,10]，建设自行车专用道等功能清晰的非机动车通道网络；建设 500 千米生态绿道[2]，串联景区、镇区，同时作为服务体育赛事、健身功能的场所。

14.6.3　全岛生态路网规划

考虑崇明生态基础，崇明合理规划道路网络，优化提升区域内部的交通运达能力。结合全岛路网规划，加快骨干道路建设和生态大道建设，推动重点片区的系统性连通度，并在道路建设与规划的全周期过程中，强化生态保护理念，强调道路网络与生态功能的整合[2]。

14.6.4　三岛水上交通优化

为发挥好水上客运交通缓解节假日交通拥堵的作用，崇明优化水上交通格局、提升水上客运交通功能。崇明四面环水，轮渡曾经是崇明与外界往来交通的唯一工具，建立健全崇明水上交通网络系统，是缓解崇明现有人流、货物运输压力的重要路径。截至 2017 年底，崇明正在经营的轮渡航线共 8 条，其中申崇航线 7 条，长横对江渡航线 1 条。2018 年，崇明水上交通再添新运力，同时新型渡轮缩短航行时间。2019 年，高速客船、车客渡普通船和生态岛轮渡等共同往返于申崇航线，缓解了旅客水上出行高峰压力，发挥了水上交通的分流减压及应对隧桥突发交通事故的应急保障作用。

14.7　多旅融合发展模式

崇明将体育、农业、文化、医疗、林业等多个领域与旅游产业融合发展，实施会商旅文体联动。崇明重点推动以生态休闲旅游为主的现代服务业加快发展，以推进体旅、农旅、文旅、医旅、林旅等"多旅融合"发展为实施路径，打造崇明旅游品牌。体育产业与旅游产业相结合是崇明一大特色[9,10]，按照"生态＋体育"的总体思路，着力围绕骑行、足球、桨板、露营等项目，借助国际品牌赛事的影响力全方面打造崇明户外休闲运动产业链，提升服务能级[10]。除此以外，"共享农庄"个性旅居、结合农垦艺术乡建、"海上花岛"林旅结合、高品质活力新康养，从多个维度落实"多旅融合"发展模式。

14.7.1 "共享农庄"个性旅居

崇明创新美丽乡村建设，打造以菜园、果园、花园为主的"共享农庄"，吸引城镇居民亲身参与耕作，收获农产品，享受真正的农庄生活。共享农庄践行着乡村振兴的使命，用分享的理念做农庄，"一房一院一地一产"，打造个性体验式旅居新方式。例如，崇明港西通过与斯维登集团合作引进共享农场等新型经营模式，借助先进的专业管理体系和线上营销模式，充分利用港西农村资源，提升港西农旅服务的质量，加快港西乡村的全面振兴，为全区提供可复制、可借鉴的典范和案例。

14.7.2 结合农垦艺术乡建

崇明重视艺术形式与特有的乡土气质、农垦文化结合，借助乡村田野风貌、民宿和农场等空间，积极推动文化创意、影视传媒等产业的发展[11]。利用乡村闲置房屋改造小型乡村美术馆，发展市级非物质文化遗产崇明灶花、崇明土布、崇明山歌等，通过艺术活动开展乡村文化建设。文创产业在崇明的乡土田园中扎根，成为乡村文化的创新磁场，助力乡村振兴和世界级生态岛建设。

14.7.3 户外休闲"生态＋体育"

按照"生态＋体育"的总体思路，崇明着力围绕骑行、路跑、足球、桨板、房车露营等项目，积极打造户外休闲运动产业链[10]。相比于上海其他各区，崇明一直以来都有得天独厚的自然条件，相应的赛事都很容易落地。崇明引入顶尖国际赛事、开展群众体育活动、打造以体育小镇为核心的体育产业项目，使得崇明保有自己的体育特色，包括世界铁人三项赛、摇滚马拉松、国际自盟女子公路世界巡回赛（世界顶级女子职业公路自行车比赛）等。崇明充分利用独特的本底优势高效发展体育产业，俨然成为"生态＋体育"的代名词，迅速成长为上海体育产业版图中无可取代的一部分。

14.7.4　高品质活力新康养

崇明覆盖高端医疗、健康养老、中医养生、医疗美容等多个领域，为市民提供高品质养老及健康服务，促进全区文旅康养产业提质升级。崇明生态资源禀赋突出，发展康养事业得天独厚。目前，已有多个康养、医美项目落地崇明或正在筹建中，融合低碳环保理念，配套养老公寓、护理院、会所、公共生活设施等，打造融高品质养老、生态文旅于一体的全龄退休社区。其中，6个康养和医美项目陆续进驻东滩，做专医疗康复服务，做优养老养生服务，依托"中国长寿之乡"的品牌，推进健康养老产业[12, 13]。

14.8　智慧城市管理模式

崇明利用技术优势，将智慧管理应用于居民的衣、食、住、行各类场景，并发挥国际海底光缆登陆点优势，进一步优化信息基础设施[2]。通过物联网与云计算技术实现信息技术与城市运作的融合，在覆盖居民日常生产、生活需求的同时，也能转变政府治理方式，提高政府运营效率。同时，"互联网+"智慧能源管理、崇明5G智慧农业云上线运营[14]等多措并举，赋能智慧农业发展。

14.8.1　5G网络全覆盖

基于国际海底光缆登陆点优势，崇明建设高速移动安全的新一代信息基础设施[2]，打造全球首个5G全覆盖人居生态岛。通过持续建设5G通信基站等基础设施，不断深化智能化改造，在医疗、教育、文化、交通、政务等领域形成有规模、广覆盖、常态化的智慧应用，提升数据服务能级，建设具有崇明生态岛特色的智慧社区、智慧生态圈。截至2020年，崇明城镇化地区已实现千兆网络全覆盖，全区实现光网全覆盖[2]。

14.8.2 "互联网+"智慧能源

崇明综合运用大数据和物联网技术，推动建设能源互联网示范项目，通过智能化管理，逐步形成"互联网+"的智慧能源实施方案，实现能源高效率管理。在生态经济方面，以崇明能源互联网项目为代表，推进生产方式向数字化、网络化和智能化转变。该项目同生态岛建设紧密结合，将成为城市能源管理的试验田，具有重要的示范引领功能。

14.8.3 智慧农业融合发展

依托高速率、大容量、低时延的农业云端互动平台，崇明大力发展综合性、公益性、智能性[13]的智慧农业模式。2020年，崇明5G智慧农业云上线运营[14]，提供智能诊断、云端农业培训与指导、农业供应及需求信息交易等模块。此外，崇明和企业合作，打造农产品产地数字供应链服务平台，通过线上构建农产品产地地图大数据库，线下搭建产地网络，实现农产品从生产到流通的线上线下高度融合，并输出了行业内领先的产地—供应链—渠道产业模型，赋能智慧农业发展。

14.8.4 区域信息智慧监管

崇明通过智能平台、大数据开展非现场执法检查，以及推进"一网通办、一网统管"智慧化管理水平。崇明充分利用卫星遥感、无人机、在线监控、大数据分析等手段开展非现场执法检查，加强环境执法联动，形成执法合力；构建辖区内高效感知、互联共享的生态环境智慧监测网络体系。2018年以来，崇明实施政务服务"一网通办"，逐步实现数据互联互通、实时共享，提升全区政务精细化、信息化、智慧化管理水平，使得企业群众办事的便利化程度不断提高。

14.9 互联网赋能发展模式

崇明借助互联网与快速发展的人工智能技术实现智慧高效的产业融合和跨越式发展。包括"5G"赋能医疗诊断；结合"互联网+"，对新型职业农民展开培训；打造培育融绿色、环保于一体的分享经济业态；基于数字信息，打造生态信用体系等尝试与探索。崇明已实现基于 5G、物联网、工业互联网、边缘计算等新型信息基础设施的协同建设、全域部署、深度覆盖。上海崇明 5G 智慧应用产业园项目预计 2023 年 12 月底竣工验收，投产后首年产值约 5.7 亿元，预计年产值可达 10.5 亿元，年税收将达到 4963 万元，可新增就业岗位 1600 个。

14.9.1 "5G" 赋能医疗诊断

崇明借助 5G 网络覆盖，搭建以远程会诊、社区医生培训、远程报告发送为亮点的崇明医联体，帮助居民解决疑难病症，应对突发事件和急救重症[15]。5G 科技赋能医疗诊断与医疗技能培训，提升患者就诊效率，帮助高质量医疗资源下沉，助力分级诊疗体系建立，使得社区患者在"家门口"享受优质医疗服务。目前，新华－崇明区域医疗联合体打造 5G 远程医疗诊断培训咨询平台，以解决区域医疗资源短缺等问题，有助于崇明实现不断改善医疗优质资源供给，以及与中心城区同进步、共发展的战略目标[2]。

14.9.2 新型职业农民培训

崇明结合"互联网+"，对全区家庭农场主、合作社负责人、农业龙头企业负责人开设培训班进行培训，盘活农村资源。邀请国内外专家学者和一线操作者，围绕现代农业与乡村振兴战略等主题，进行立体式授课。培训期间举办产品推荐会，与学员直接进行产销对接。对新型职业农民进行认定，对其分期分批开展公共课的培训。农民收入结构从以往销售农产品的单一收入，转变为由劳务工资、房屋土地租金、集体资产分配及其他转移性收入构成的多元化收入。崇明作为全国首批 100 个新型职业农民培育试点区之一，吸引社会力量，带动农民增收致富。

14.9.3 加快数据产业培育

结合国际海底光缆登陆站，优先发展数据处理、软件研发等创客经济，加快数据产业园建设和创客小镇建设。崇明着重发展研发设计、信息技术、供应链管理、服务外包等生产性服务业，借助"互联网+"，培育融绿色、环保于一体的分享经济业态；同时，预留移动办公、基因工程、离岛自贸等新型创新业态的发展空间[2]。"十三五"期间，长兴海洋科技港、阳光海悦科创中心、临港长兴科技园等一批创新平台和载体陆续建成并投入使用。

14.9.4　生态信用体系建设

崇明通过数字科技，专业化的管理为农村人口建立生态信用体系，将"三农"信用体系与生态文明建设相结合。围绕绿色信贷联盟企业、涉农经营单位、农业人口三个系统，崇明进一步优化生态环保类信息收集和评价标准，制定与信用体系建设相配套的财政支持政策，建立支农惠农机制[2]。2018年，横沙乡丰乐村、新永村已开展农村生态诚信系统建设的试点工作。

14.10　城乡协调发展模式

依靠上海大都市的区位优势，崇明积累了大都市城郊融合型的生态岛建设经验。主要包括共享优质医疗资源；实行农民集中安置居住，打造"五美社区"，推动"生态惠民保险"，提升居民幸福感和获得感；着力解决乡村振兴产业发展用地问题，推进"点状供地"；为大都市提供生态保障的同时，也借力生态产业发展，实现经济发展和生态保护的双赢。

14.10.1　共享优质医疗资源

崇明通过共享上海市级优质医疗资源，提供优质普惠的公共服务，提升三岛医疗卫生服务水平。崇明通过开展医疗资源共享、技术支撑等工作，打造紧密型医联体。目前，崇明本地医院连同上海中山医院、岳阳医院等知名医院，开展专家义诊、医疗下乡活动；上海新华医院派遣学科带头人及技术骨干前往崇明分院任职，崇明分院积极选派医生赴外学习培训，引进先进的医学技术和治疗经验。多种举措使得农村综合帮扶深入实施，社会保障水平明显提升。

14.10.2　"7080"集中居住

在充分尊重农民意愿的基础上，按照城乡规划布局，崇明鼓励引导农民集中居住，在城镇化地区优化选址[16]。崇明因地制宜、分类推进农民相对集中居住的工作，主要有三种模式：上楼实物安置、货币化置换和平移集中居住。实行区级统筹、跨镇安置，规划选定城桥、陈家镇、堡镇等地区作为上楼实物安置重点区域[17]。到2022年，崇明实现农民相对集中居住约2万户，实现从自然分散向集中分布的转变。

14.10.3 农村"五美社区"建设

崇明建设以"自然生态美、宜居环境美、绿色生产美、乡风文明美、生活幸福美"为主要内容的农村"五美社区"[2]。将村民自治与管理层的服务建设相结合，针对村庄的文明建设、基础设施建设、服务建设等综合工作，崇明对村庄中的卫生室、文化活动室、警务室、综合服务站等各种特色职能站点进行设施完善及服务功能升级；同时与基金会、民办非企业单位、社会团体代表签订"城乡社区治理"项目合作协议，解决城乡社区治理中为老服务、关爱留守儿童、扶贫济困等难题。截至2020年，崇明已实现"五美社区"全覆盖。

14.10.4 点状规划点状供地

按项目建筑物占地面积、建筑间距范围及必要的环境用地进行点状规划、点状报批、点状供地，可减少土地占用指标，同时减轻投资方资金压力。崇明针对乡村振兴产业项目用地方面存在的瓶颈问题，创新了"点状供地"举措，形成《崇明区乡村振兴发展规划土地管理方案》，并且将一些项目筛选为示范项目，以"点状供地"的方式分别提供建设用地，进行乡村振兴中解决发展用地问题的新尝试。2019年12月，上海市首块"点状供地"项目落地崇明。

本章参考文献

[1] 黄钢.关于崇明生态岛的建设与发展[C]//中国环境科学学会.中国环境科学学会学术年会论文集2012.北京：中国农业大学出版社，2012：2937-2941.

[2] 上海市人民政府.上海市人民政府关于印发《崇明世界级生态岛发展规划纲要（2021—2035年）》的通知[EB/OL].https://www.shanghai.gov.cn/nw12344/20220114/44da2dee52e2474d8c5942da188e3426.html[2021-01-14].

[3] 崇明区.节能宣传进乡镇 崇明区陈家镇企业节能低碳宣讲会开讲[J].上海节能，2021（3）：314.

[4] 刘栋.崇明岛生态城的低碳建设分析[J].山西建筑,2010,36(32):20-21.

[5] 陆莹,张庆香.崇明区农民田间学校现状及发展对策[J].上海农业科技,2020(4):12-14.

[6] 高益,黄卫峰,冯加根,等.上海市崇明区水稻绿色生产关键技术[J].上海农业科技,2021(6):42-43.

[7] 黄志峰,倪国彬.上海崇明地区稻虾轮作与稻虾共作模式比较分析[J].科学养鱼,2020(9):31-32.

[8] 以"两无化"为特色 上海崇明积极打造绿色农业"金字招牌"[EB/OL].https://www.sohu.com/a/501820378_120823584[2021-11-19].

[9] 刘新秀,徐珊珊,曹林奎.崇明岛乡村文化旅游资源及其开发策略研究[J].上海农业学报,2018,34(5):126-132.

[10] 曹可强.打造全民健身活力城市,助力全球著名体育城市建设[J].体育科研,2021,42(1):2-7,14.

[11] 黄焱.陌上花村·多彩田园·创客新安——上海市崇明区新安村乡村振兴战略[J].现代园艺,2019(15):66-68.

[12] 崇明:生态之岛 宜居之地 长寿之乡[N].人民日报海外版,2010-12-24,第5版.

[13] 牛海,王晶晶.产业融合与绿色发展探寻——基于上海郊区的调研与思考[J].经济与社会发展,2018,16(5):8-12,72.

[14] 樊蓉,裴学海.农业领域5G行业应用研究[J].长江信息通信,2021,34(3):193-195.

[15] 刘岚,魏国卫,张凯.基于5G/AIoT的新华－崇明医联体超声远程智慧医疗与智慧教育建设及初步应用研究[J].中国超声医学杂志,2020,36(7):670-672.

[16] 上观新闻.全市最大农民相对集中居住安置项目在崇明启动建设[EB/OL].https://export.shobserver.com/baijiahao/html/333030.html[2022-01-18].

[17] 上海评定出45个市级美丽乡村示范村[J].上海农村经济,2017(6):45.

附录　崇明生态研究院全国岛屿的科研实践台账[①]

附表系统梳理了崇明生态研究院在全国沿江沿海的科研实践情况，共整理出60余条科研实践记录，类型包括学术研讨、合作座谈、野外考察、实验采样，足迹遍及南麂列岛、全富岛（西沙群岛）、海南岛、洞头岛、舟山群岛（花鸟岛、白沙岛、菜花岛、大谢岛、大长涂岛、岱山岛、登步岛、东福山岛、佛渡岛等40余个）、上海大金山岛、福建烽火岛、福建平潭岛（大屿岛）、山东北长山岛（长岛）、山东南长山岛（长岛）、山东庙岛（烟台）、秦山岛（连云港）、泗礁岛（嵊泗列岛），同南麂列岛国家海洋自然保护区管理局、海南南海热带海洋研究所、海南大学、温州市洞头区海洋与渔业发展研究中心、自然资源部东海局、生态环境部长江流域生态环境监督管理局、浙江普陀中街山列岛海洋特别保护区、自然资源部第三海洋研究所等机构密切联系，开展科研活动。

从附表可以看出，现阶段，崇明生态研究院与其他岛屿的合作座谈多集中在东南部沿海，特别是长三角地区，如长海岛、海南岛、太湖生态岛、温州洞头岛；野外考察和实验采样涉及岛屿分布广泛，如福建平潭岛、广东南澳岛、海南岛、舟山群岛等；而学术研讨主要依赖于举行岛屿学术研讨会。在生态岛屿联盟建设过程中，应进一步挖掘崇明生态研究院智库优势，加强与其他岛屿间学术合作交流，以此拓展生态岛屿联盟的建设广度。此外，合作交流、野外考察和实验采样可以同步推进，加快建立崇明生态研究院科学考察和野外实践基地。

[①] 本部分科研实践台账根据崇明生态研究院各科研团队提供的信息整理而成。

附表　崇明生态研究院在全国沿江沿海的科研实践台账

工作年份	岛屿名称	科研工作内容	科研工作性质	岛屿友好对接单位
2019～2022	长山列岛	依托自然资源部渤海海峡生态通道野外科学观测研究站（2019年10月正式成立）在长山列岛海域开展了每两个月一次的水动力、化学环境要素、海洋生物方面的航次观测，同时布设了多套浮标基定点观测设备，可开展长期连续观测工作	野外考察	自然资源部第一海洋研究所
2021	长海岛	赴大连长海县进行生态、生产、生活空间考察，同长海县委召开座谈会，就长海岛发展问题，及如何进行陆海统筹，及其行政区划优化方案进行了沟通；并沟通了崇明生态岛屿联盟合作建设事宜	合作座谈、野外考察	长海县政府
2016	大屿岛	前往福建大屿岛进行全岛优势群落调查，确定全岛的主要群落为黑松灌丛、黑松群落和台湾相思群落；采集植物样品、土壤样品，分别测定该岛的植物功能性状和土壤理化性质	野外考察、实验采样	自然资源部第三海洋研究所
2021	东山岛	赴福建东山岛进行藻类资源调查	野外考察、实验采样	
2016	烽火岛	前往福建烽火岛进行全岛优势群落调查，确定全岛的主要群落为黑松灌丛、黑松群落和台湾相思群落；采集植物样品、土壤样品，分别测定该岛的植物功能性状和土壤理化性质	野外考察、实验采样	自然资源部第三海洋研究所
2021	湄洲岛	赴福建湄洲岛进行藻类资源调查	野外考察、实验采样	
2021	南日岛	赴福建南日岛进行藻类资源调查	野外考察、实验采样	
2021	平潭岛	赴福建平潭岛进行藻类资源调查	野外考察、实验采样	
2021	南澳岛	赴广东南澳岛进行藻类资源调查	野外考察、实验采样	
2019	海南岛	邀请相关人员参加国际生态岛科学研讨会	学术研讨	海南大学
2022	海南岛	赴海南进行生态、生产、生活空间考察，同海南师范大学的科研团队召开座谈会，就海南岛发展问题进行了沟通；并沟通了崇明生态岛屿联盟合作建设事宜	合作座谈、野外考察	海南师范大学
2019	南麂列岛	邀请相关人员参加国际生态岛科学研讨会	学术研讨	南麂列岛国家海洋自然保护区管理局

附录　崇明生态研究院全国岛屿的科研实践台账

续表

工作年份	岛屿名称	科研工作内容	科研工作性质	岛屿友好对接单位
2016	秦山岛	对全岛进行踏查，对岛上优势植被类型刺槐群落、丝棉木群落、黑松群落、扁担木灌丛进行每木调查；采集植物样品、土壤样品，对植物功能性状、土壤理化性质进行测定	野外考察、实验采样	
2019	全富岛	邀请相关人员参加国际生态岛科学研讨会	学术研讨	海南南海热带海洋研究所
2016	南长山岛	对全岛进行踏查，对岛上优势植被类型刺槐群落、麻栎群落、黑松群落、荆条灌丛进行每木调查；采集植物样品、土壤样品，对植物功能性状、土壤理化性质进行测定	野外考察、实验采样	
2016	北长山岛	对全岛进行踏查，对岛上优势植被类型刺槐群落、麻栎群落、黑松群落、荆条灌丛进行每木调查；采集植物样品、土壤样品，对植物功能性状、土壤理化性质进行测定	野外考察、实验采样	
2016	庙岛	对全岛进行踏查，对岛上优势植被类型刺槐群落、麻栎群落、黑松群落、荆条灌丛进行每木调查；采集植物样品、土壤样品，对植物功能性状、土壤理化性质进行测定	野外考察、实验采样	
2020	长岛	华东师范大学河口海岸学国家重点实验室在渤海的长岛开展采样调查工作	野外考察、实践采样	
2021	崇明岛	赴上海申能崇明发电有限公司（天然气发电厂）商讨碳捕获转化一体化的合作事宜	合作座谈	上海申能崇明发电有限公司
2021	大金山岛	赴上海市金山区大金山岛进行生态调查，建立13个典型固定永久样地，分别为红楠群落、麻栎群落、朴树群落、青冈群落1、青冈群落2、青冈群落3、丝棉木群落、天竺桂群落、小叶女贞群落、野桐群落1、野桐群落2、野桐群落3，调查四季生物多样性（植物、昆虫、鸟类、土壤动物、土壤微生物）；测定土壤理化性质和植物功能性状等生态过程和功能。对大金山岛古树名木进行修复和保护，并制定一树一策保护措施	野外考察、实验采样	
2021	长兴岛	赴上海长兴岛热电有限责任公司（火力发电厂）商讨碳中和的碳捕获合作事宜	合作座谈	长兴岛热电有限责任公司
2010	嵊泗花鸟岛	于浙江省嵊泗县花鸟岛进行大气污染物（无机和有机）理化特性的长期观测，研究污染物的大气沉降、海气交换、生态响应、气候效应等。项目依托包括三个973项目课题和多个国家自然科学基金项目，发表SCI论文超过20篇，在国内外形成了较高的影响力	野外考察、实验采样	宁波航标处嵊泗航标管理站
2016	泗礁岛	调查优势植被类型野桐灌丛，并采集植物样品、土壤样品，对植物功能性状、土壤理化性质进行测定	野外考察、实验采样	

续表

工作年份	岛屿名称	科研工作内容	科研工作性质	岛屿友好对接单位
2022	太湖生态岛	赴太湖生态岛进行生态、生产、生活空间考察，同金庭镇政府召开座谈会，就太湖生态岛发展问题进行了沟通；并沟通了崇明生态岛屿联盟合作建设事宜	合作座谈、野外考察	苏州市金庭镇
2019	洞头岛	邀请相关人员参加国际生态岛科学研讨会	学术研讨	温州市洞头区海洋与渔业发展研究中心
2021	洞头岛	赴温州洞头岛进行生态、生产、生活空间考察，同洞头区政府召开座谈会，就洞头岛发展问题，及如何进行陆海统筹，及海洋产业发展问题进行了沟通；并沟通了崇明生态岛屿联盟合作建设事宜	合作座谈、野外考察	洞头区政府
2015	长江中下游江面及相关岛屿	从上海到武汉开展了长江中下游江面船载大气观测高端仪器等考察江面大气质量、气溶胶化学成分、船舶排放对长江及陆地的相互影响。项目依托国家科技支撑计划项目、国家自然科学基金重大仪器研制项目支持，在 $Journal\ of\ Geophysical\ Research$：$Atmospheres$、$Atmospheric\ Chemistry\ and\ Physics$ 等发表多项成果	野外考察、实验采样	生态环境部长江流域生态环境监督管理局
2018~2022	枸杞岛	每月例行藻类资源调查	野外考察、实验采样	
2020~2022	嵊泗岛	每月例行"IMTA"多营养层次生态立体养殖模式研究	野外考察、实验采样	
2021	嵊泗岛	华东师范大学地理科学学院副院长周立旻教授带领团队前往嵊泗岛调查采样	野外考察、实验采样	
2022	舟山群岛	崇明生态研究院"生态岛大讲堂"第16讲，邀请到浙江舟山群岛新区总规划师周建军分享交流《群岛型国际化高品质海上花园城市——以舟山群岛新区理论到实践探索为例》	学术研讨	
2020	舟山群岛	华东师范大学河口海岸学国家重点实验室刘东艳研究员（崇明生态研究院特聘教授）研究团队在舟山群岛开展采样调查工作	野外考察、实验采样	
2019	白沙岛	赴白沙岛进行生态调查，建立全岛优势植被类型——柃木灌丛永久样地，调查生物多样性（植物、昆虫、土壤动物、土壤微生物）；并开展森林和草地凋落物分解实验，测定土壤理化性质和植物功能性状等生态过程和功能	野外考察、实验采样	

续表

工作年份	岛屿名称	科研工作内容	科研工作性质	岛屿友好对接单位
2019	舟山本岛	前往舟山本岛，建立优势群落白栎灌丛、枫香群落和杉木群落永久观测样地共计3个；在该岛建立倒木分解样地共5个，观测其生态系统过程；采集土壤样品，测定岛屿土壤理化性质；采集植物样品，测定植物功能多样性；调查土壤动物和微生物的本底进行取样和鉴定；观察叶片虫食强度	野外考察、实验采样	
2019	菜花岛	前往菜花岛进行生态调查，建立全岛优势植被类型檵木-黑松灌丛永久固定样地，调查植物、昆虫、土壤动物、土壤微生物多样性；开展森林和草地凋落物分解实验，测定土壤理化性质和植物功能性状等生态过程和功能，以及测定虫食强度	野外考察、实验采样	浙江普陀中街山列岛海洋特别保护区管理局
2019	大榭岛	前往宁波大榭岛进行野外调查，建立全岛优势植被群落——麻栎群落永久样地，调查生物多样性（植物、昆虫、土壤动物、土壤微生物）；并开展森林和草地凋落物分解实验，测定土壤理化性质和植物功能性状等生态过程和功能	野外考察、实验采样	
2019、2021	大长涂岛	赴大长涂岛进行野外调查，建立6个典型植被群落固定样地，分别为赤楠-枪木灌丛、檵木花香灌丛、黑松-枪木群落、枪木群落、花香-栀子灌丛、枪木灌丛、朴树群落，在固定样地中调查生物多样性（植物、昆虫、土壤动物、土壤微生物）；并开展森林和草地凋落物分解实验，测定土壤和植物养分、虫食强度、土壤盐碱度等生态过程和功能	野外考察、实验采样	
2018、2019、2021	岱山岛	前往岱山岛进行生态调查，建立9个典型植被群落永久固定样地，分别为白栎灌丛、臭椿-天仙果群落、麻栎群落、朴树群落、香樟群落、白栎花香群落、黄檀群落、香樟-黄檀群落、朴树-天仙果群落，调查植物、昆虫、土壤动物、土壤微生物多样性；并开展凋落物分解实验，采集土壤样品测定土壤理化性质，采集植物叶片和干材测定植物功能性状	野外考察、实验采样	
2019	登步岛	前往登步岛进行生态调查，建立优势植被类型枫香群落永久固定样地，调查样地中生物多样性（植物、昆虫、土壤动物、土壤微生物）；并开展凋落物分解实验，测定土壤理化性质和植物功能性状等生态过程和功能	野外考察、实验采样	
2019	东福山岛	前往东福山岛进行生态调查，建立全岛优势植被群落固定样地，分别为滨柃-盐肤木灌丛和枪木灌丛，调查植物多样性，采集地上昆虫，并测定虫食强度、调查凋落层和土壤层的土壤动物以及土壤微生物；并开展森林和草地凋落物分解实验，测定土壤养分、盐碱程度和植物功能性状等生态过程和功能	野外考察、实验采样	浙江普陀中街山列岛海洋特别保护区管理局

续表

工作年份	岛屿名称	科研工作内容	科研工作性质	岛屿友好对接单位
2019	佛渡岛	前往佛渡岛进行野外调查，建立天竺桂灌丛典型固定样地，调查样地中的生物多样性（植物和昆虫），以及本地土壤动物和土壤微生物；并开展森林和草地凋落物分解实验，测定土壤理化性质和植物功能性状等生态过程和功能	野外考察、实验采样	
2019	高背山屿	前往高背山屿进行生态调查，建立柃木-四川山矾灌丛典型固定样地，调查生物多样性（植物、昆虫、土壤动物、土壤微生物）；并开展凋落物分解实验，测定土壤理化性质和植物功能性状等生态过程和功能	野外考察、实验采样	
2019、2021	高亭小馒头屿	前往高亭小馒头屿进行生态调查，建立全岛优势植被类型3个固定样地，分别为柃木灌丛、黑松-柃木群落和黄檀-柃木群落，调查生物多样性（植物、昆虫、土壤动物、土壤微生物）；并开展森林和草地凋落物分解实验，采集土壤测定土壤理化性质，采集植物叶片测定虫食强度和叶片养分	野外考察、实验采样	
2019、2021	枸杞岛	前往枸杞岛开展野外调查，建立全岛优势植被类型5个固定样地，分别为天仙果群落、黑松群落、柃木群落、海桐-天仙果群落和天仙果群落，调查样地内生物多样性（植物、昆虫、土壤动物、土壤微生物）；测定土壤理化性质和植物功能性状等生态过程和功能	野外考察、实验采样	
2019	葫芦岛	前往葫芦岛进行生态调查和样品采集，建立全岛优势植被类型柘木灌丛固定样地，调查生物多样性（植物和昆虫）。测定本地凋落层和土壤微生物，并开展森林和草地凋落物分解实验，集采土壤样品测定理化性质，以及采集植物样品测定植物功能性状	野外考察、实验采样	
2018、2019、2021	枸杞岛	前往枸杞岛进行生物多样性调查和样品采集，并建立全岛优势植被类型4个固定样地，分别为滨柃灌丛、海桐-天仙果灌丛、黑松灌丛和朴树群落，在固定样地中调查生物多样性（植物、昆虫、土壤动物、土壤微生物）；测定土壤理化性质和植物功能性状等生态过程和功能	野外考察、实验采样	
2019	豁沙山岛	前往豁沙山岛进行生态调查，建立椿叶花椒-黄檀群落典型固定样地，调查植物、昆虫、土壤动物、土壤微生物多样性；并开展森林和草地凋落物分解实验，采集土壤和植物样品测定土壤理化性质和植物功能性状，并量化虫食强度	野外考察、实验采样	

202

附录　崇明生态研究院全国岛屿的科研实践台账

续表

工作年份	岛屿名称	科研工作内容	科研工作性质	岛屿友好对接单位
2019、2021	金塘岛	前往金塘岛进行野外调查和样品采集，并建立全岛优势植被类型8个固定样地，分别为白栎群落、檵木群落、檵木-冬青群落、檵木群落2、枫香群落、马尾松群、山矾-枸木群落，白栎群落。调查生物多样性（植物、昆虫、土壤动物、土壤微生物）。并开展森林和草地凋落物分解实验，测定土壤理化性质和植物功能性状等生态过程和功能	野外考察、实验采样	
2019	六横岛	前往六横岛进行生态调查，建立全岛优势植被类型2个固定永久样地，麻栎-青冈群落和石栎-枫香群落，调查样地内生物多样性（植物、昆虫、土壤动物、土壤微生物）；并开展森林和草地凋落物分解实验，测定土壤理化性质和植物功能性状等生态过程和功能	野外考察、实验采样	
2019	洛迦山岛	前往洛迦山岛进行野外调查，建立全岛优势植被类型7个固定样地，滨柃林1、滨柃林2、滨柃林3、红楠林1、红楠林2、红楠林3、普陀樟红楠群落，调查生物多样性（植物、昆虫、土壤动物、土壤微生物）；并开展森林和草地凋落物分解实验，测定土壤理化性质和植物功能性状等生态过程和功能	野外考察、实验采样	
2019	庙子湖岛	前往舟山庙子湖岛，建立优势群落柃木灌丛永久观测样地1个；在灌丛和草丛分别设置凋落物分解实验，观察该岛的物质循环动态；调查土壤动物、微生物和昆虫本底情况；观测植物虫食特征；采集植物样品，测定植物功能性状；采集土壤样品，测定岛屿土壤理化性质	野外考察、实验采样	浙江普陀中街山列岛海洋特别保护区管理局
2019	盘峙岛	前往舟山盘峙岛，建立调查样地2个，确定该岛优势群落为木荷群落和朴树-构树群落；在上述群落和草丛设置分解木实验观察生态过程，采集群落内土壤样品测定理化性质；收集植物样品测定功能多样性；观察群落内叶片虫食情况；调查土壤动物和微生物的本底，进行取样和鉴定	野外考察、实验采样	
2014	普陀岛	前往舟山普陀岛进行野外调查，建立31个典型固定样地，如枫香群落、黑松群落、红山茶灌丛、檵木群落、罗汉松群落、马尾松群落、青冈群落、台湾蚊母树群落、香樟群落、柘木群落等；分别在青冈群落、白栎群落和草丛设置分解木实验观察该岛物质循环过程；采集优势群落中各物种叶片、干材样品测定功能性状；采集土壤样品测定理化性质；调查土壤动物、微生物和昆虫本底情况，以及设置红外相机检测大型脊椎动物	野外考察、实验采样	

续表

工作年份	岛屿名称	科研工作内容	科研工作性质	岛屿友好对接单位
2019	青浜岛	前往舟山青浜岛进行全岛优势群落调查，并建立青冈－黑松灌丛典型固定样地，调查该岛的生物多样性；在草丛及灌丛处开展凋落物分解实验，研究该岛的生态过程；采集植物样品，测定植物功能性状；采集土壤样品，测定岛屿土壤理化性质；对土壤动物和微生物本底进行取样和鉴定，测定叶片虫食强度	野外考察、实验采样	浙江普陀中街山列岛海洋特别保护区管理局
2018	情人岛	前往舟山情人岛进行全岛优势群落调查，确定该岛优势群落为海桐－滨柃灌丛；在该岛草丛和灌丛设置分解实验调查生态过程；采集植物样品、土壤样品，分别测定该岛的植物功能性状和土壤理化性质；调查土壤动物和微生物的本底，进行取样和鉴定；观察叶片虫食强度	野外考察、实验采样	
2018	衢山岛	前往舟山衢山岛进行全岛优势群落调查，确定该岛优势群落为黑松群落、红山茶群落和黄檀灌丛，调查该岛的生物多样性，对土壤微生物、土壤动物和昆虫本底进行调查；收集植物叶片和干材测定功能性状；采集土壤样品测定理化性质	野外考察、实验采样	
2017、2018	舟山群岛	船载大气观测高端仪器、无人机考察舟山群岛海域大气质量、气溶胶化学成分、船舶排放对群岛及陆地的影响。依托项目包括国家重点研究计划项目、国家自然科学基金委重大研究计划重点项目等，在 Journal of Geophysical Research: Atmospheres 等发表成果	野外考察、实验采样	自然资源部东海局
2019、2021	嵊泗岛	前往舟山嵊泗岛，建立7个典型固定样地，分别为黑松群落、麻栎群落、杉木群落、柘木群落、野桐群落、天仙果群落、女贞群落；结合土壤动物、微生物和昆虫调查，测定该岛的生物多样性；采集土壤样品和植物样品，测定土壤理化性质和植物功能多样性	野外考察、实验采样	
2019	双卵岛	前往舟山双卵岛调查该岛优势群落，建立全岛优势群落赤楠－柃木灌丛样地1个；收集植物样品及土壤样品测定植物功能性状和土壤理化性质；调查土壤动物、微生物和昆虫本底情况	野外考察、实验采样	
2019	桃花岛	前往舟山桃花岛，建立永久调查样地2个，确立该岛优势群落：柃木灌丛和青冈－石栎群落；在该岛草丛和灌丛设置分解实验调查生态过程；采集植物样品、土壤样品，分别测定该岛的植物功能性状和土壤理化性质；调查土壤动物和微生物的本底，进行取样和鉴定；观察叶片虫食强度	野外考察、实验采样	

附录　崇明生态研究院全国岛屿的科研实践台账

续表

工作年份	岛屿名称	科研工作内容	科研工作性质	岛屿友好对接单位
2016	外马廊岛	前往舟山外马廊岛进行全岛优势群落调查，确定全岛的主要群落有野桐群落、黑松群落和麻栎群落；采集植物样品、土壤样品，分别测定该岛的植物功能性状和土壤理化性质	野外考察、实验采样	
2019	虾峙岛	前往舟山虾峙岛，建立调查样地2个，确定该岛优势群落为冬青-枫香群落和化香-黄檀灌丛；在该岛草丛和灌丛设置分解实验，调查生态过程；采集植物样品，测定植物功能性状；采集土壤样品，测定岛屿土壤理化性质；对土壤动物和微生物本底进行取样和鉴定，测定叶片虫食强度	野外考察、实验采样	
2019	小干山岛	前往舟山小干山岛进行全岛优势群落调查，建立枫香-柃木灌丛典型固定样地；在该灌丛设置分解木实验，探究该岛生态过程；采集植物样品、土壤样品，分别测定该岛的植物功能性状和土壤理化性质；调查土壤动物和微生物本底，进行取样和鉴定；观察叶片虫食强度	野外考察、实验采样	
2018	小尖苍山	前往舟山小尖苍山，建立典型固定样地1个，确定该岛优势群落柃木灌丛；采集土壤样品，测定理化性质；采集植物样品、土壤样品，分别测定该岛的植物功能性状和土壤理化性质；调查土壤动物、微生物和昆虫本底	野外考察、实验采样	
2018	小峧山岛	前往舟山小峧山岛进行全岛优势群落调查，建立白杜-构树群落永久调查样地1个；在该群落设置凋落物分解实验，调查生态过程；采集植物样品，测定植物功能性状；采集土壤样品，测定岛屿土壤理化性质；对土壤动物和微生物本底进行取样和鉴定，测定叶片虫食强度	野外考察、实验采样	
2019	小猫山岛	前往小猫山岛，建立调查样地1个，确定全岛优势群落为白栎-四川山矾灌丛；在灌丛设置分解木实验调查分解等生态过程；采集植物样品、土壤样品，分别测定该岛的植物功能性状和土壤理化性质；对土壤动物和微生物本底进行取样和鉴定，测定叶片虫食强度	野外考察、实验采样	
2019	小团鸡山屿	前往舟山小团鸡山屿调查全岛优势群落，建立檵木灌丛典型固定样地；采集植物样品，测定植物功能性状；采集土壤样品，测定岛屿土壤理化性质；调查土壤动物和微生物的本底，进行取样和鉴定；观察叶片虫食强度	野外考察、实验采样	

续表

工作年份	岛屿名称	科研工作内容	科研工作性质	岛屿友好对接单位
2019	小蚊虫岛	前往舟山小蚊虫岛，建立优势群落滨柃灌丛永久观测样地1个；在灌丛和草丛分别设置分解木实验，观察该岛的生态过程；采集植物样品，测定植物功能性状；采集土壤样品，测定岛屿土壤理化性质；对土壤动物和微生物本底进行取样和鉴定，测定叶片虫食强度	野外考察、实验采样	
2019	小长途岛	前往舟山小长途岛调查全岛优势群落，建立黑松－檵木灌丛和化香－檵木灌丛2个典型固定样地；在灌丛和草丛设置凋落物分解实验观测该岛的生态过程；采集土壤样品，测定岛屿土壤理化性质；采集植物样品，测定植物功能多样性；调查土壤动物和微生物的本底，进行取样和鉴定；观察叶片虫食强度	野外考察、实验采样	
2019	秀山岛	前往舟山秀山岛，建立2个典型固定样地，分别为白栎－黄檀灌丛和黑松群落；通过设置分解木实验研究该岛的凋落物分解特征；采集叶片、干材样品测定群落功能多样性；采集土壤样品，测定理化性质；观察群落内叶片虫食情况，并对土壤动物和微生物本底进行调查	野外考察、实验采样	
2019	悬山岛	前往舟山悬山岛，建立优势群落化香灌丛永久观测样地1个；在灌丛和草丛设置分解实验观测生态过程；采集土壤样品，测定岛屿土壤理化性质；采集植物样品，测定植物功能性状；对土壤动物和微生物本底进行取样和鉴定，测定叶片虫食强度	野外考察、实验采样	
2019	摘箬山岛	前往舟山摘箬山岛进行野外调查，建立石栎－黑松群落固定样地；分别在群落内和草丛设置分解实验观察该岛生态过程；采集植物样品，测定植物功能性状；采集土壤样品，测定岛屿土壤理化性质；对土壤动物和微生物本底进行取样和鉴定，测定叶片虫食强度	野外考察、实验采样	
2019	长白岛	前往舟山长白岛，建立白栎群落固定样地；在灌丛和草地设置分解木实验观测该岛生态过程；采集土壤样品测定理化性质；采集叶片、干材样品测定群落功能多样性；对土壤动物和微生物的本底进行取样和鉴定；观察叶片虫食强度	野外考察、实验采样	
2019	朱家尖岛	前往舟山朱家尖岛调查全岛优势群落，确立红楠群落、青冈群落和四川山矾灌丛为该岛优势群落；设置3个分解木实验样地，观测该岛凋落物分解过程；采集植物样品、土壤样品，分别测定该岛的植物功能性状和土壤理化性质；调查土壤动物、微生物和昆虫本底	野外考察、实验采样	

附录　崇明生态研究院全国岛屿的科研实践台账

续表

工作年份	岛屿名称	科研工作内容	科研工作性质	岛屿友好对接单位
2019	竹山岛	前往舟山竹山岛，建立柘木灌丛典型固定样地；分别在灌丛和草丛设置凋落物分解实验观测竹山岛的生态过程；收集植物叶片和干材测定功能性状；采集土壤样品，测定理化性质；调查土壤动物和微生物的本底，进行取样和鉴定；观察叶片虫食强度	野外考察、实验采样	